JN077502

現代ミリタリーのゲームチェンジャー

戦いのルールを変える兵器と戦術

井上孝司 *Inoue Koji*

潮書房光人新社

GAME CHANGER

はじめに――ゲームチェンジャーとは

もう4年ぐらい前の話になるが、2016年9月にテキサス州フォートワースのロッキード・マーティン社工場で行なわれた、航空自衛隊向けF-35A初号機（AX-1）のロールアウト式典を取材する機会にあずかった。

その式典の席で、杉山良行航空幕僚長（当時）は「F-35はゲームチェンジャーである」とスピーチされたのだが、それを聞いた筆者は「航空自衛隊は、本気でゲームのルールを変えるつもりがあるんだろうか？」と少し心配になった。「機体が変わっても、使い方、戦い方が変わらないのでは、F-35Aの能力を活かせないのではないか」「F-35Aを、結果として不利な状況に放り込むことになりはしないか」という心配である。

最近、自衛隊関係者が何かスピーチなどする機会があると、「日本を取り巻く安全保障環境は、厳しさを増している」という台詞が出てくるのはお約束である。それはいいのだが、その「厳しさを増している」状況に対して、日本がどう対抗していくかが問題なのである。

いうまでもなく「厳しさ」の中心にいるのは中国の人民解放軍（ＰＬＡ：People's Liberation Army）、その中でも海軍と空軍である。日本の10倍の人口を擁しており、経済的にもイケイケドンドン（中国政府の統計がどこまで信用できるかどうかはともかく）。対する日本はというと、経済的には天井に突き当たった感があり、少子高齢化や景気回復によって自衛隊の人材確保が難しくなっているという問題もある。

地獄の沙汰はカネ次第というが、戦の沙汰もカネ次第のところがある。すると、経済力に勝る側は有利な立場を占めやすい。資金力にモノをいわせて研究開発費をジャブジャブ突っ込んだり、大量の装備品を調達したり、運用や訓練をしっかり行なったり、といったことが可能になるからである。

それに対して「持たざる国」はどう対抗すれば良いのか。同じように数で競おうとしても、持っているリソースが違えばハナから勝ち目はない。ウェポン・システムの世界では「数で質を補うことはできない」というが、それでは「質は数を圧倒できる」といいきれるのか。質的な面でよほど格差があればともかく、そうでなければ最後は押し負けてしまうことになりはしないか。

そこで求められるのが、ゲームチェンジャーという発想である。相手が得意とするゲームのルールに乗っかってプレイするのではなく、こちらが得意とする別のルールを形成して、そのルールの上で戦わざるを得ないように相手に対して強要する。それができれば、ひょっとすると大逆転、そこまで行かなくても負けずに済むぐらいのことはできるかもしれない。

これは、安全保障に限らず、ビジネスの世界にもいえることである。そこでわかりやすい例を挙げてみよう。

かつて、ソニーやホンダが「エクセレント・カンパニー」として持て囃され、喧伝されるようになったのは、なぜだろうか。この2社がゲームチェンジャーになるような、既存の製品の枠にはまらないような製品を、いろいろと世に出したことが効いたからではないのだろうか。無論、既存の製品の枠にはまらないだけではダメで、それがニーズにマッチしたり、新たなニーズを創出したりして、商業的成功を収めたから、であるにしても。

たとえば、据え置き型のオーディオ機器なら、さまざまなメーカーが参入して覇を競っている。それはソニーも同じだったが、そこで「持ち運べるカセットプレイヤー」という、従来にないカテゴリーの製品を持ち出したところが違っていた。そして、「ウォークマン」はソニーの登録商標であるにもかかわらず、他社製品も含めた携帯式カセットプレイヤーの代名詞と化して、いつでもどこでも好きな音楽を聴ける環境を作り出した。こうした成り行きは、携帯式カセットプレイヤー「ウォークマン」が、従来にない新しいニーズを作り出したゲームチェンジャーであったことを示している。

これを「ビジネスでございい」というのは気が引けるが、筆者自身もいまの仕事ではゲームチェンジャー的な考え方を持ち込んだつもりでいる。筆者が軍事分野の物書き業に参入したのは2008年頃の話だが、その時点ですでに多くの、同業の先輩が活躍されている状況であった。そこに同じような切り口で、同じような芸風で割って入ろうとしても難しいだろう、という認識は持っていた。

そこで、もともと持っていた情報通信系のバックグラウンドを武器にしたところがある。軍事系物書きの業界では、情報通信系のバックグラウンドを持つ書き手が少ない事情は、よく承知していた。しかもその一方で、ウェポン・システムのコンピュータ化が進み、ネットワーク中心戦という考え方が台頭してきていた。また、ソフトウェアで制御される部分が多くなり、ウェポン・システムの開発においてソフトウェア開発が占める重みは増す一方である。こうした分野の話は、情報通信系のバックグラウンドがある人間になら理解しやすい話だが、そうでない人にとっては荷が重い。

その、自分が持つバックグラウンド（自分が得意とするゲームのルール）を、ウェポン・システムのコンピュータ化・ネットワーク化（周囲の状況の変化）とうまく噛み合わせることができたおかげで、なんとかこの業界で継続的にお仕事をいただけるようになって現在に至っている。「ゲームチェンジャー的な考え方を持ち込んだ」とは、そういった、この仕事に取り組む上での戦略を指している。

なお、本書の原稿を書き上げた後で世に出るまでに、いくらか間が開いたのだが、その間にCOVID－19（新型コロナウィルス肺炎）のパンデミックが勃発した。これにまつわる、特に中国の動きは、ゲームチェンジャーという観点から見て注目する必要がある。そこで急遽、末尾に章をひとつ追加して、この件に関連する筆者の見解をまとめてみた。一部でいわれているような、中国が意図的に仕掛けたパンデミックではないとしても、パンデミックの発生をいかにしてゲームチェンジャーとして活用しようとしているかは、無視できる問題ではないからだ。

現代ミリタリーのゲームチェンジャー　目次

第5章　ゲームチェンジャーの具体例——戦術レベル　74

第6章　これはゲームチェンジャーか？　106

第7章 ゲームチェンジャーの実現と組織 141

本文中に掲載した写真のクレジットはキャプション末尾の（　）内に表示した。記載のないものは著者の撮影・提供。

現代ミリタリーのゲームチェンジャー

戦いのルールを変える兵器と戦術

第1章　ゲームのルールを変えるということ

本書はテーマの関係上、どうしても抽象的・哲学的な話が中心になってしまうのだが、まずは根本となる「ゲームのルールを変える」ということについての考察から始めてみたい。これが分からなければ、その後の話につながらないからだ。

敵が得意とするゲーム盤でプレイするのは不利

「敵が機動性に優れた戦闘機を開発してきたから、こっちはもっと機動性に優れた戦闘機を開発しなければならない」「敵が40センチ砲を搭載した戦艦を4隻建造しているから、こちらは46センチ砲を搭載した戦艦を4隻建造する、あるいは40センチ砲を搭載した戦艦を8隻こしらえる」といった具合にして軍備を整えたり、新装備を開発したりする。これらはあくまで、既存のゲームのルール、相手が規定したゲームのルールの上で踊っているということである。「大口径砲に対抗できるのは、より大口径あるいは大威力の砲である」という考え方が、根底にある。

それに付き合い、かつ相手を凌駕できるのであれば良いが、それができなかったらどうするか。技術力や経済力に劣る方が先に根負けするのは目に見えている。それであれば、自国の、あるいは自軍の有利とするポイントを冷徹に見出して、そちらのゲームのルールの上で相手を踊らせることを考えてみなければならない。それを実現する技術、あるいは製品こそがゲームチェンジャーである。

スポーツでもビジネスでも戦争でも、日本はどちらかというと「既存のルールの中で最適なやり方を突き詰める」ことを得意とする傾向があるように見受けられる。しかし、その結果としてどういうことになるか。往々にして、「日本勢が勝利の公式を突き詰めて好成績を上げるようになったところで、海外勢がルールを変えてしまっておじゃん」ということが起きる。たとえば、オリンピックのさまざまな種目について、過去に何が起きたかを想起してみていただきたい。

ビジネスの世界、なかんずく工業製品の世界でも、似たような話はいろいろあるのではないか。もちろん、手頃な価格で高性能・高機能で信頼性が高い製品を実現するのは、素晴らしいことだ。だが、それをどこまで突き詰めればいいのか、それ以外に勝負のポイントがありはしないか、ということも考えてみなければならない。

たとえば自動車業界。トヨタの「プリウス」をきっかけに、内燃機関と電気モーターと蓄電池を組み合わせたハイブリッド車というものが世に出てきた。運動エネルギーの一部を回収して再利用できることなどが効いて、低燃費である。では、他国の自動車メーカーはどうするか。

もちろん、同じ土俵に立って張り合う選択肢もあったろうが、国や地域によっては「ディーゼル推し」になってみたり「電気自動車（ＥＶ）推し」になってみたりしている。これも、日本勢が得意として、かつ関連特許をガッチリ押さえているであろうハイブリッド車という土俵に後から割り込む代わりに、別の土俵を作ってゲームのルールを変えてしまえ、という動きだとはいえないだろうか。表向き、そういう考えを公言するかどうかは別として。

実のところ筆者は、特にヨーロッパにおいて「環境対策」を名目としていろいろ規制をかける背景にも、環境対策だけでなく、ゲームのルールを変えようという狙いがあるのではないかと睨んでいる（それが正しいとか間違ってるとか適切だとかおかしいとかいうことは、ここでは論じない）。ポイントは、世間一般に受け入れられやすい、表立って抵抗するのが難しい名目があれば、ゲームのルールを変えることも容易になるのではないかということである。

ゲームチェンジャーはソフトウェア先行

「これが登場したことで、それまでも実現できていたことが、より効率的になった」のでは、ゲームチェンジャーとはいいがたい。それは、同じゲームのルールの中で、より勝利を実現しやすくなった、という話である。そうではなくて、戦略・戦術・作戦をガラッと変えるようなインパクトをもたらしたものこそ、ゲームチェンジャーと呼ぶにふさわしい。

ただし注意しなければならないのは、「なぜゲームチェンジャーを持ち込むのか」「そのためにどんなゲームチェンジャーが必要なのか」「そのゲームチェンジャーをどう活用するのか」を見失わないようにすることである。

単に「他所がやっていない画期的なもの」を追求するのは、ゲームチェンジャーではない。ゲームチェンジャーを通じて何を目指すかが重要なのである。つまり「手段と目的を取り違えてはならない」ということ。そして、ゲームチェンジャーとは「ハードウェア先行型」ではなく「ソフトウェア先行型」の考え方である。どういう意味か。

「ハードウェア先行型」とは、「ライバルがこれだけの性能・機能を持つ製品を送り出してきたから、こちらはその上を行く性能・機能を備えた製品を送り出せ」という考え方である。

身近な製品でクルマを引き合いに出すと、「室内長が長い」とか「シートアレンジのバリエーションが多い」とか「燃費がいい」とかいうのが典型例。筆者のフィールドのひとつ、軍事分野の花形である戦闘機なら、「最高速度が速い」とか「旋回性能がいい」とか「レーダーの探知可能距離が長い」とか「兵装搭載量が多い」とか「航続距離が長い」とかいったあたりだろうか。

それに対して、「ソフトウェア先行型」とは、「どうやって勝負をする」という考え方を最初に定義するもの。ハードウェアは、それを具現化する手段なのである。

たとえば、後の方で「戦場におけるゲームチェンジャー」の具体例として「対レーダー・ステルス技術」を挙げているが、あれは単に「レーダーに映らない飛行機を作ろう」といって作ったものではない。

ソ連軍、あるいはソ連の影響下にあった国の軍が、レーダーと地対空ミサイルと対空砲を組み合わせて濃密な防空網を構築している中で、対立する西側諸国の側は、それをどう突破しようかと悩みに悩んだ。そこから「レーダーに映りにくくすれば、敵に存在を知られる可能性は低くなるのだから、地対空ミサイルや対空砲を撃たれる危険性も減るのでは」という発想が出てきた。一見したところではハードウェアの話に見えるのだが、そうではない。「敵の状況認識を妨げる」というソフトウェア的な話が根底にあるのだ。

その発想を具現化する手段として、まず「機体の模型を電波暗室に入れてレーダー反射断面積（ＲＣＳ：Radar Cross Section）を測定する」という話が出た。そして、ロッキードＳＲ－71は電波暗室と設計室を行ったり来たりする試行錯誤によって作られた。

そこに、コンピュータを用いてＲＣＳを計算する手法が見出されたことで、対レーダー・ステルス技術の実現が、一挙に現実的かつ効率的なものになった。この辺の話は、また後で詳しく書くことにする。

日本には苦手な発想？

実のところ、ゲームチェンジャーという発想は、過去の歴史を見る限り、日本の個人や組織はどちらかというと苦手な部類ではないだろうか。

繰り返しになってしまうが、日本ではすでにあるルール、すでにある規定を「不可避のもの」として受け入れた上で、その枠組みの中で職人芸を駆使して、それこそ重箱の隅をつつきまくるように部分最適化を突き詰める傾向が強いように見受けられる。しかしゲームチェンジャーというのは、その

「すでにあるルール」「すでにある枠組み」をぶち壊して、新たなルールや枠組みを作るもの。考え方が根本的に違うのである。

そのときに見失ってはならないのは、「手段」ではなくて「目的」である。「この手段を突き詰めれば、この目的を達成できる」ではない。「この目的を達成するには、どんな手段が必要か」という流れで考えなければならない。すると、目指すべき目的、そのためのビジョン、といったものを先行させなければならない。

たとえば戦争に絡む話であれば、目的は「戦争に勝つか、少なくとも負けないようにして、国家の生存を維持する」ことである。ところが戦争の勝ち負けに関わる軍事力という要素は、絶対的なものではなく相対的なものだ。すると、「自国の戦闘能力を、目下の仮想敵と比較した場合にどうか」という考え方をしなければならない。絶対量で「これがこれだけあればＯＫ」という話ではない。

そして、その「目下の仮想敵」と自国の間で、数的・質的な戦力比較を行なった結果として、どうすれば勝てるか、少なくとも負けずに済むかを考えなければならない。その過程で、今のルール、今の枠組みで勝負してもダメだということになったら、どういうルールに、どういう枠組みにすればいいか、を考える。そこで初めて、「新しいルールや枠組みを実現するためのゲームチェンジャー」にお呼びがかかるのである。

ゲームのルールを変える理由

これがスポーツのルールの話だったら、自分に不利なようにルールを変えられてしまっても、「不公正だ、怪しからん」と文句をいう余地がある。しかし戦争になれば話は別。戦場において唯一、変わりのないルールといえば「勝てば官軍」である。歴史も物事も、勝利者にとって都合がいいように動かされる。

実際、既存のルールに則って戦闘に、あるいは戦争に勝とうとしたら、相手がガラッと違うゲームを持ち込んできて翻弄されたり、ボコボコに打ち負かされたり、といった事例はいくつもある。しかし「勝てば官軍」だから、敗者が何をいっても負け犬の遠吠えである。

相手のルールに乗っかり、かつ、その相手の方が多くのリソースを持っている場合、こちらが押し負けてしまうのは明白である。それを回避するのが、ゲームチェンジャーの目的なのだ。ただしその際に、単にルールを変えれば良いというものではない。まず、なによりも「相手にとって不利なルール」でなければならない。そしていうまでもなく、新たに持ち込もうとするルールは、「自陣営にとって有利なもの、自陣営が得意とするもの、自陣営の能力を最大限に発揮できるもの」でもなければならない。

シンプルな例を示すと、多くの人的リソースを必要とする手法を、人口が少ない国が適用することはできない。実現しようとしても手段が伴わないからである。人海戦術を実現できるのは、安上がりに多数の人手を確保できる場合だけだ。また、ハイテクにモノをいわせて優位を得ようというのであれば、それに見合った技術基盤・産業基盤がなければならない。

それだけではない。新たに持ち込もうとするルールは、「相手が追従できない」あるいは「相手が追従しようとしても時間・手間・リソースを多く必要とする」ものでなければ意味がない。相手に多くのコストをかけることを強いる、「コスト賦課（cost-imposing）」という考え方である。

ただし、闇雲にルールを変えようとすれば良いというものでもない。後で具体例を挙げるが、「新たなルールを持ち込んでみたら、相手の方がよりよく適応してしまって、結果的にボコボコにされた」ということもあるから、注意が必要だ。

なんにしても、国でも企業でも投入できるリソースには限りがあるのだから、「よそでやっていることはみんなやりたい」といって総花式に人や資金をばらまいていたのでは、総崩れになる。ゲームのルールを変えようと企むのであれば、どこで勝負をかけるかを決めて、そこに可能な限りのリソースを集中して「なんとしてもモノにする」という体制や意思を通すことが求められる。

ゲームチェンジャー実現へのアプローチ

ゲームチェンジャーを具現化する際のアプローチは、1種類ではなく、いろいろ考えられる。それを大きく分けると、以下の2種類に収斂するのではないだろうか。なお、名称は筆者の造語である。

・新アイテム型ゲームチェンジャー

従来は存在していなかった、革新的な技術、装備、発想を生み出して、それを中核とするアプローチ。

・運用型ゲームチェンジャー

すでにある技術、装備、発想を活用するが、それらの使い方や組み合わせを変えるというアプローチ。

実のところ、「画期的な新装備を開発・実用化したけれども、従来の装備と同じ使い方をしたせいで、フルに能力を発揮できなかった」という事例はありそうだ。本書の冒頭で、航空自衛隊のF-35導入に関して筆者が内心で抱いている懸念について触れたが、それがひとつの例である。ステルス機にはステルス機なりの戦い方があるはずだからだ。

逆に、すでにある技術や装備であっても、発想の転換によって新たな使い方を見つけ出したら大きな成果につながった、ということもあるだろう。

後でゲームチェンジャーの実例について考察していくが、その際には、この2種類のアプローチのうち、どちらに該当するものなのか、ということを考えてみて欲しい。

必ずゲームのルールを変えなければならないのか

ゲームチェンジャーが求められるのは、「今のルールのままで戦おうとしても勝ち目が薄い」かつ「ルールを変えることによって活路を見出し得る」場合である。裏を返せば、「今のルールのままで戦っても勝てる、あるいは勝てる見通しがある」場合には、ゲームチェンジャーを必要とするとは限らない。

ただし、だからといって現状に安住していると、ライバルや敵対勢力がまったく異なる概念を持つゲームチェンジャーを持ち出してきて、卓袱台をひっくり返される可能性がある。実際、過去の歴史をひもといてみると、「ある国や勢力が、画期的な新しい兵器体系を開発して覇権を握る」→「それに対抗しようとして、別の国や勢力が、違う切り口から新しい兵器体系を開発する」→「その結果、それまで最強とされていた兵器体系は無力化されたり、過去のものにされたりする」といったサイクルの繰り返しである。

したがって、常に「今のゲームのルールで戦っていて大丈夫なのか?」という自問自答は必要であろう。ゲームのルールを変えるための備えは怠らず、しかしそれを投入するのかどうか、投入するならいつなのか、ということを常に考える。そして、必要となったら躊躇することなくそれに邁進する。そういう取り組み方が求められる。

外的要因でゲームのルールが変わることも

自ら、有利になろうとしてゲームチェンジを仕掛けるというのが本書の主題だが、ときには外的要因によってゲームのルールが変わってしまうこともある。

戦場の話ではないが、1970年代のアメリカにおける排ガス規制の導入と、第四次中東戦争に起因する第一次石油ショックは、アメリカの自動車産業におけるゲームのルールを一変させた出来事、といえるのではないか。

排ガス規制は、自動車メーカーが要望して実現したものではない（むしろ「実現が困難」として先送りを求めていたぐらいだ)。そこにホンダがCVCCエンジンを持ち込んで真っ先に規制を達成してしまったことで、排ガス規制の先送りは消し飛んだ。そして排ガス規制に対応できた上に小型軽量・低燃費のホンダ車は、アメリカで一挙に販売を伸ばす結果になった。それが日米自動車摩擦からアメリカでの現地生産の定着、しまいにはアメリカ製ホンダ車の日本への逆輸入、なんていう話につながっている。

軍事の世界で「外的要因によってルールが変わってしまった」例というと、クラスター弾に対する規制がある。

クラスター弾は、特に歩兵やソフトスキン車両を対象とする面制圧兵器として有用性が高いが、何かと非難の対象になる場面が多い。クラスター弾の何が問題なのかといえば、ディスペンサーからばらまかれた多数の子弾の中に不発弾が生じる可能性が低くなく、それが後になって民間人の死傷につながるからである。

これを「ゲームチェンジャー」という観点から見ると、まずクラスター弾そのものが「1発で広い面積を制圧できる」という意味でゲームチェンジャーである。ところが、このゲームチェンジャーには「不発弾が多い」という泣き所があり、それを突かれる形で国際的な非難を盛り上げて、とうとう規制を実現するというところまで話が進んでしまった。戦わずしてクラスター弾を無力化するという、これまた一種のゲームチェンジャーである。

ところが、「上に政策あれば、下に対策あり」。「不発弾が多いことが問題になるのであれば、不発弾が発生しなければよい」という考え方が出てきても不思議はない。そこで、不発を減らすための工夫を追求する場面が出てくるわけだ。ただしこれまでのところ、「不発弾が少ないクラスター弾だから導入してもOK」となった事例はないと思われる。むしろ、違う方向からのアプローチが具現化している。

それが、クラスター弾規制の除外規定を利用したものだ。除外規定とは、具体的にいうと「子弾の数が10発未満」「個々の子弾の重量が4kg以上」「子弾が、単一の目標を察知・攻撃できるように設計されている」「電気式の自己破壊装置と不活性化装置を備えている」という内容である。これらの条件を勘案すると、赤外線センサーで目標を探知して作動する自己鍛造弾で、しかもディスペンサーに搭載する子弾の数を一桁にとどめれば、規制の対象にならずに済む、という話になる。それを実現することは、外的要因に起因するゲームのルールの変化に対応することであり、これもまた、一種のゲームチェンジャーといえる。

ゲームチェンジの成功体験がもたらす破滅

自ら仕掛けたにしろ、外的要因によって結果的に実現したにしろ、ゲームチェンジャーの投入による大逆転は、紛れもなく大きな成功体験となる。ところが問題は、その成功体験が後々まで尾を引いて、新たなゲームチェンジの妨げになる可能性がある、という点である。

なぜかといえば、過去の成功体験に対するこだわりができてしまうからだ。既存のルールをぶち壊すために、新たなゲームチェンジャーを投入して成功したにもかかわらず、その新たなゲームチェンジャーが既存のルールとしてガッチリ居座ってしまったのでは、ゲームのルールが固定化する事態につながる。それでは、新たなゲームチェンジャーが育たない。

困ったことに人間、歳をとると頑固になり、過去に自分が成功したやり方しか受け付けなくなってくる。だから、過去の成功体験の呪縛にとらわれると、「自分はこうやって成功したんだから」という思いが、新しいやり方に対する拒絶反応として現れる。そんな事例、身に覚えがあったり、見聞きしたりしたことはないだろうか？

しかも厄介なことに、過去にゲームチェンジャーを投入して収めた成功の規模が大きく、劇的であるほどに、その成功体験のインパクトは強いものになる。そういう経験を持つ人が、後日に責任ある地位に昇進したら、どういうことになるだろうか。よほどしっかり自分を律して柔軟な思考を維持しない限り、「過去の自分の成功体験」を否定するような新しいアイデアに対して、拒絶反応を先行させてしまうのではないだろうか。

そうなると、ゲームチェンジの成功体験が後々になって、破滅の原因につながってしまいました、なんていう大逆転ストーリーにもなりかねないのである。

第2章　手段と目的の取り違えに注意

第1章では、「ゲームチェンジャーのなんたるか」という話を中心に取り上げた。続いて第2章では、そのゲームチェンジャーを実現するためにどういうプロセスを経るのか、という話を取り上げていく。

まずCONOPSを最初に固める

ゲームチェンジャーを実現するために必要な考え方とは、何だろうか。

前の章でも書いたように、「敵が得意とするゲームのルールで戦うのは不利」という場面において、状況をひっくり返すのが、ゲームチェンジャーの具現化を目指す際の最終目的である。それであれば、まず最初に考えなければならないのは、「どういうゲームのルールにすれば、自陣営にとって有利な状況を作り出せるか」ということである。

つまり、最初に考えなければならないのはビジョンであり、作戦・運用のコンセプト（CONOPS：Concept of Operations）なのだ。それを明確にすることで初めて、そのコンセプトを実現するために何が必要になるかが分かる。すると、それを手持ちの技術や製品で実現できるのか、実現できないのか。実現できない場合にはどういった研究開発が必要になるのか、といったことが分かってくる。

ここのところを勘違いすると、ゲームチェンジャーのつもりがゲームチェンジャーにならない、という情けない結末になる。技術や製品はあくまで手段であり、目的ではない。だから、技術や製品をモノにしたことでゲームのルールを変えられる、と考えるのは大間違いである。

筆者は、日経BP総研・未来ラボのレポート『ゲームチェンジングテクノロジー2019』の執筆に参画させていただく機会にあずかった。また、そのレポートをベースとするセミナーが開催されたときに、執筆者の一人として登壇した。

そのセミナーで、出席された方から寄せられた質問の中に「このセミナーで取り上げられた技術は、いつ頃に実用化できる見通しか？」「このセミナーで取り上げられた技術の採算性はどうか？」といったものが含まれていた。

これはまさに、いわゆる「キャッチアップ型」の考えである。つまり、「アメリカでは国防高等研究計画局（DARPA：Defense Advanced Research Projects Agency）が主導する形で、こんな研究開発がなされているという。それに置いて行かれては大変だ」という、いわゆる「バスに乗り遅れるな」という考え方である。そこで念頭にあるのは技術そのものであり、その技術によって実現しようとしているCONOPSではない、といえないだろうか。

この話は重要なので、本書では何回もしつこく繰り返すのだが、ゲームチェンジャーを実現するための最重要の要件は、ビジョンでありCONOPSである。そして、技術はそれを実現するための道具なのである。技術そのものを売りにして「こんな技術を導入したからすごいでしょう」では、本末転倒なのだ。勘違いされやすいところなのだが、「技術的な面で革新的」だからといって、それが直ちにゲームチェンジャーになるわけではない。

後で、ゲームチェンジャーの具体例としてさまざまなハードウェアが出てくるが、重要なのは、単に「新しいハードウェアが出てきた」ということではない。どういう考えの下で新しいハードウェアが出てきたのか、その新しいハードウェアの出現が戦争の様態をどう変えたか、が大事なのだ。

テクノロジーや製品の導入を先行させると

後の方の章で、「新しいテクノロジーや製品への熱狂」という話を取り上げる。本章のテーマになっている「手段と目的の取り違え」は、それと表裏一体の関係にある話ではないだろうか。なぜか。「新しいテクノロジーや製品への熱狂」は、「新しいテクノロジーや製品を導入するよう求める性急な動き」につながる。すると往々にして、テクノロジーや製品を導入すること自体が目的になってしまい、「それを何のために導入するのか」「それを導入することで、どのように勝利につなげるのか」という話がお留守になる危険性が出てくる。

テクノロジーにしろ製品にしろ「手段」であって、「目的」ではない。「〇〇というウェポン・システムの導入」は、それによって自国の戦争遂行を容易にしたり、仮想敵国（または交戦中の敵国）に対して自国を優位に立たせるのが目的である。本書では繰り返し書いていることだが、「どうやって勝つか」「どうやって優位に立つか」という話が先にあって、それを具現化する手段としてウェポン・システムの導入みたいな話につながる。

ところが、「新しいテクノロジーや製品を導入するよう求める性急な動き」は、手段先行型である。類似の現象として、「他国でこんな新兵器や新技術を開発している。我が国もバスに乗り遅れてはいけない」といって、後を追うパターンが挙げられる。

その「他国で開発している新兵器や新技術」が、自国が仮想敵国（または交戦中の敵国）に対して優位に立つためのコンセプトに合致しているのであれば良い。しかし、合致していなかったり、そもそもコンセプトがあやふやだったりすると、行先を確かめずに間違った方面に向かうバスに慌てて乗ってしまうのと、同じ仕儀となる。だから、手段と目的の取り違えは怖ろしいのだ。

よくよく考えると、筆者の商売道具であるパーソナルコンピュータ、スマートフォン、ネットワークといったものにも似たところがある。導入することが目的ではなくて、導入によってどういう問題解決につなげるかが大事なはずなのだが、「ＯＡ化」の掛け声の下、とにかく性急に導入することが先走った感がなきにしもあらず。

すると何が良くないかというと、コンピュータ化、ネットワーク化によって仕事のやり方を変えたり、効率化したりといった可能性を削いでしまう危険がある。すると、「わざわざ紙に印刷したものに判子を押して、それをＰＤＦ化して相手に送る」とかいうことが起きる。紙の書類を使っていたときと同じ仕事のやり方で、道具だけ変えようとするから、そういうことになる。

ステルス技術を例にとって考えてみる

後の章で、ゲームチェンジャーの一例としてステルス機を取り上げている。ステルスといってもいろいろあるが、そのうちもっともポピュラーな、対レーダー・ステルス技術を設計に取り入れた軍用機のことである。

ステルス機はまさに公式通りのプロセスを経ており、海のものとも山のものともつかない最初の段階では、ＤＡＲＰＡが資金を出す形で技術実証機を作り、実際に飛ばしてみた（ハブ・ブルー）。それが見込み通りの結果を出したことから、空軍が主導する形で実用機を生み出す段階に移行した（シニア・トレンド→Ｆ－１１７Ａナイトホーク）。それが湾岸戦争で実戦を経験して威力を実証したことから、その後に登場した新型機は、みんなステルス技術を考慮に入れて設計されている（Ｆ－22、Ｂ－2、Ｆ－35）。

そこで重要なのは、どうして対レーダー・ステルス技術が必要になったのかである。「レーダーに映りにくくなるからでしょ？」では、解答としては中途半端だ。レーダーに映りにくくする（厳密にいうと、レーダーによる連続的な捕捉・追尾を困難にする）ことで、敵の状況認識（ＳＡ：Situation Awareness）を妨げることこそが本質的な目的である。

敵の状況認識を妨げるということは、「自分たちを攻撃しようとして戦闘機が来襲しているのかどうかが分からない」という話であり、その結果として、不意打ちを受けて「何が起きているのか分からないうちにやられてしまった」という事態になる。こういった形で生存性を高めるとともに、ワンサイド・ゲームを実現することが、軍用機における対レーダー・ステルス技術の終局的な目的である。

ただしそこで、敵の状況認識を妨げるだけでなく、自軍の状況認識を改善する努力も必要である。そうすることで、状況認識の相対的な優位を作り出すことができれば、結果として敵に不意打ちを仕掛けられる機会が増大する、と期待できる。F－35がデータリンク機能、センサー融合機能、全周視界を得るためのEO－DAS（Electro-Optical Distributed Aperture System）、といった具合に探知手段の充実を図っているのは、まさにその、状況認識の優位を作り出すのが目的である。

そこのところを勘違いして、技術そのものを売り物だと思ってしまうと、「戦闘機Aよりも戦闘機Bの方がレーダー反射断面積（RCS）が小さいので優れている」といった類の、矮小化された優劣論に陥ってしまう。それどころか、開発・製造元の当事者が「うちの機体はライバル機よりもRCSが小さい」という自慢をやってしまう可能性もある。

もちろん、RCSが小さいに越したことはないが、それは手段であって目的ではない。RCSの低減をどう活用して勝利条件につなげるかが問題なのである。

といったところで、手段と目的を勘違いしてない？　と筆者が感じたことが多い事例を、いくつか取り上げてみようと思う。

戦闘機に求められるもの

ベトナム戦争以来、「近接格闘戦を無視してはいけない」という流れができた。そのことが機体の設計思想に影響を及ぼしたし、機関砲の装備も復活した。そこで改めて問いたい。どうして、ベトナム戦争では近接格闘戦が起きたのか。

当時はミサイル万能論が幅をきかせていた。そして、ＡＩＭ－９サイドワインダーに代表される、赤外線誘導の近接格闘戦向け空対空ミサイルだけでなく、ＡＩＭ－７スパローⅢみたいな、レーダー誘導の全天候型長射程空対空ミサイルが登場した。ところが、いざ戦場に持ち込んで見たら、そのスパローⅢは能書き通りの能力を発揮できず、後々まで尾を引く低評価につながってしまった。

では、スパローⅢがあまり役に立たなかった理由は何か。当時の電子技術では、十分な性能と信頼性を備えた誘導機構を実現できなかった、という話に尽きるのではなかったのか。アナログ電子回路で複雑な誘導制御をこなすのは無茶な相談だし、電子デバイスとして真空管やトランジスタしかない御時世では、過酷な運用環境下でもちゃんと動く電子機器は成り立ちにくい。

そこにきて、米軍では「敵機を目視識別してからでなければ交戦できない」という交戦規則を持ち込んだ。敵味方識別能力が不十分、かつ同士撃ちや誤射の危険性を回避するために、こういうルールになったわけだが、目視識別できるような距離まで接近しなければならないのでは、近接格闘戦になるのは必然である。それでは長射程ミサイルがあっても出る幕がない。

この、「ミサイルの信頼性が低くて当たらない」という事情と、「近接しないと交戦できない」というルールが結果として、近接格闘戦が多発する事態を引き起こした。それは確かに事実だが、問題はその後もそれを「不変のもの」として無条件に、何の疑いもなく受け入れてしまうことにある。そうなると、ただひたすら、組んずほぐれつの近接格闘戦の訓練にばかり血道を上げることになってしまう。

だがちょっと待って欲しい。「信頼性が高く、複雑な誘導制御に対応できるミサイル」「近付いて目視しなくても敵味方の区別がつく識別手段」があれば、わざわざ近接格闘戦をしなくても済む場面が多くならないだろうか?

そこで解決策をもたらしたのが、電子技術とセンサー技術の驚異的な発展である。昔は、識別手段といえば目視か、さもなくばＩＦＦ(Identification Friend or Foe)ぐらいのものだった。ＩＦＦは「協力的敵味方識別」の手段である。具体的にいうと、こちら側のＩＦＦインテロゲーターから電波で誰何した相手がＩＦＦトランスポンダーを持ち、適切なトランスポンダー・コードを設定していれば、そこから正しい応答が帰ってくる。それで初めて識別が成立する。ＩＦＦトランスポンダーのスイッチを切っていて応答が返ってこなかったり、トランスポンダー・コードの設定を間違えていて正しくない応答が返ってきたりすれば、味方が敵に間違われる。

ところが近年では、非協力的目標識別（ＮＣＴＲ：Non-Cooperative Target Recognition）という技術が出てきている。その詳細は秘匿されているが、相手側からの応答に依存せず、こちらのセンサーで得られる情報に頼って敵味方の識別がつく、ということだけ分かっていれば、本書で述べる話を理解していただくには十分だ。

信頼できるＮＣＴＲ能力があれば、わざわざ接近して目視確認しなくても敵味方の区別がつく。そして、当節の空対空ミサイルは昔と比べると、命中精度も信頼性も大幅に向上している。それらの機能に頼ることで、近接格闘戦に入らずに済ませることができるのではないか？　という考え方が出てくるのは自然な流れである。つまりここでは、ＮＣＴＲと最新世代の長射程空対空ミサイルがゲームチェンジャーとして機能していることになる。

そうなると、近接格闘戦の訓練が不要になるとまではいわないにしても、比重というか、重要性は低下するのではないだろうか。その一方で、状況認識の優位を実現する手段、つまりセンサーやネットワークを駆使して彼我の状況を知る、いわばオペレーターとしての能力を高めていく必要があるので、そちらの訓練は大事になってくる。

仮想敵部隊に関する思い違い

それと関連する話として、いわゆる仮想敵部隊がある。アメリカ空軍や航空自衛隊ではアグレッサー、アメリカ海軍ではアドバーサリーという。意味としては、アドバーサリー（対抗部隊）の方が実情に即しているのではないかと思う。

なぜなら、仮想敵部隊は単に異機種間戦闘訓練（ＤＡＣＴ：Dissimilar Aircraft Combat Training）をやるための敵役というわけではないからだ。アメリカ空軍でアグレッサー部隊を発足させるとともに、

米空軍のアグレッサー飛行隊で運用するF-16。通常の米空軍機と異なる塗装も、仮想敵としての「役作り」のひとつ

「レッド・フラッグ」演習を始めた背景に、どういう事情があったのかを思い起こしてみて欲しい。

ベトナム戦争の統計データでは、敵に撃墜された機体の搭乗員の多くが、初の戦闘任務から10回以内の出撃でやられていたという。つまり、単に飛行時間が長いか短いかというだけの問題ではなかったのだ。飛行時間が多いベテランでも、初めて実戦に放り込まれると不覚をとり、撃ち落とされてしまう場面があるということである。

それではどうすれば良いか、ということで出てきたのが、「実戦に出る前に、実戦そっくりの環境を経験させておけば良い」という考え方だった。そこで「実戦そっくりの敵役」を務めるのがアグレッサーであり、「実戦そっくりの環境」を作り出すのが「レッド・フラッグ」演習である。

話を整理しよう。「実戦に出ても不覚をとらず、撃ち落とされないパイロット」を送り出すのが最終目的である。そのためのアプローチとして「実戦に出る前に実戦そっくりの経験を」があり、それを実現するための手段として「アグレッサー」や「レッド・フラッグ」がある。その辺の事情は、アメリカ海軍のアドバーサリー飛行隊も同様である。

だからこそ、仮想敵部隊は仮想敵国の戦闘機とそっくりの戦術を使うし、機体の外観まで仮想敵国のものと似せている。オペレーションルームに仮想敵国の国旗を掲げる、なんていう役作りまでやっている。これらはすべて、真に迫った仮想敵を生み出すための工夫なのである。

これらの話を「近接格闘戦の訓練が大事」という話にすり替えてしまうのは、ただ単に背景事情を無視した矮小化に過ぎない。「実戦の現場に放り込まれて、初めて実戦の空気に接することができる」という過去の常識を、「真に迫った仮想敵部隊を用意することで、実戦の現場に出る前に実戦の模擬体験を済ませておく」という新たな常識に置き換える。これもひとつのゲームチェンジャーである。

ところが、その過程で「長射程空対空ミサイルの信頼性が低く、結果として近接格闘戦が多発したので、近接格闘戦の重要性が認識されて、訓練をしっかりやるようになった」という話も併せて出てきたから、仮想敵部隊は格闘戦の敵役も務めるようになったわけだ。

「ドローン」という曖昧な言葉への過剰な反応

「ドローンはゲームチェンジャーか?」という話は後の章で取り上げるのだが、そこでも指摘しているように、そもそも「ドローン」という言葉の定義が曖昧で、対象とするモノの範囲が広すぎる。家電量販店で売っている空撮用の電動式マルチコプターも、掌に載るような超小型の電動式ヘリコプターも、滑走路を使って離着陸する本格的な無人航空機（ただし人が乗っていない）も、そして昔からの意味である無人標的機も、これ、みんな広義のドローンである。

その、幅が広すぎる言葉を安直に使って「ドローンがすごい」「ドローンはゲームチェンジャーだ」「ドローンを導入しないのは遅れている」と煽るのは、果たして賢明な態度なのかどうか。ややもすると「ドローン」という言葉が出てきているだけで過剰反応して大騒ぎ、ということになりはしないか。

たとえば、イエメンのイスラム過激派・フーシ派が2019年9月半ばに、「ドローンを使ってサウジアラビア国内の石油施設を攻撃した」というニュースが流れた。それ以前に、サウジアラビア国内の石油施設のことをどれだけ気に留めていたのかはともかく、「ドローン」という流行り言葉が出てきた途端に「ドローンで原発を攻撃すれば大打撃だ。ミサイル防衛や戦闘機に税金をつぎ込むのは理不尽であり、最初に攻撃目標にされる原発を廃止せよ」と論陣を張る人が現われる。

だがちょっと待って欲しい。先に書いたように、ドローンといっても幅が広いのだ。電動式マルチコプターに爆薬を積み込んで突っ込ませたところで、原発の建屋を破壊することなど不可能だ。いや、自爆突入型UAVだって無理だ。もっと本格的な巡航ミサイルでも、それなりに大型で貫通力のある弾頭を備えていなければ無理だろう。

そういう話をそっちのけにして、「ドローン」という言葉が出てきた途端に大騒ぎするのも、これまた一種の「新しいテクノロジーや製品への過度の熱狂」であり、「手段と目的の取り違え」ではないのか。こういってはなんだが、ニュースの見出しが「ドローンによる攻撃」ではなくて「巡航ミサイルによる攻撃」や「弾道ミサイルによる攻撃」だったら、こんなに熱くなったものだろうか。

ドローンを導入しないのは時代遅れ？

似たような話で、「自衛隊はドローンの導入が遅れている」との論が挙げられる。「導入が進んでいるか、遅れているか」といわれれば、遅れているのは間違いない。ただし問題は、ただ導入すればいいというものではないという話である。

これが「人的資源に余裕がない中で、広い海域の常続監視を行なわなければならない。それをすべて有人機で行なうのは負担が大きいから、平素の監視任務はＵＡＶに委ねて、有人機でなければ対応できない場面に有人機を出すようにしたら」ということなら話は分かる。ちゃんと具体性があるし、目的が先にあった上でそれを実現する手段としてのＵＡＶ導入だから、筆者も賛成である。

しかし、ただ闇雲に「ドローンを導入すれば新しい戦闘空間が生まれる。ドローンを導入しないのは時代遅れだ」との論を張るのは、果たして正しいアプローチなのか。

もっとも、他方で「すでに中国では、こんなにいろいろなＵＡＶを作っている、大変だ」と煽るのも、似たようなところがある。とどのつまり、「バスに乗り遅れるな」といっているのと同じである（あるいは、そう映ってしまう）。

何も中国に限ったことではないが、ＵＡＶを何機種作って何機配備しているかが問題なのではない。ＵＡＶをどういう場面で、どう活用して、どう勝利条件につなげようとしているのか、が問題ではないのか。また、組織や作戦や戦略や戦術をどう変えようとしているのかが問題、ではないのか。

こういうことを書くと、身に覚えのありそうな方から「いや、自分の真意は別のところにある、誤解しないで欲しい、曲解しないで欲しい」という反論が来るかも知れない。そこで問題になるのが、後の方の章で出てくる「話の持って行き方」なのである。どんなに正しい論であっても、性急にゴリ押しすれば却って、実現から遠ざかる。組織とはえてして、そういうものであろう。どういう風に話を持っていれば受け入れられるか、誤解されずに済むか、味方を増やせるか、そういうことまで考えなければならない。

第3章　ゲームチェンジャーの具体例——新たな戦闘空間の実現

ここから先、第3～6章にかけて、「これはゲームチェンジャーになったのではないか」「これはゲームチェンジャーだろうか?」という、具体的なハードウェアやソフトウェアやテクノロジーの例を取り上げていく。

しつこく繰り返すが、重要なのは、「どういう背景事情、どういう考え方、どういうビジョンがあって、そのハードウェアやソフトウェアやテクノロジーが生み出されたか」である。その関係性を知ることが、新たなゲームチェンジを引き起こす際に、何か参考になるかも知れない。

まず最初は、「これが登場したことで、新たな戦闘空間が出現した」という、まさにゲームチェンジャーの極めつけといえそうな話から。

天文学と洋上航法

人間は陸上で暮らしているものだから、人間と人間が争い、個人同士の喧嘩や国家同士の戦争が起きる場面では、陸上で戦いを繰り広げていた。しかし、船が発明されたことで、人間が水上に乗り出すきっかけができた。

すると当然ながら、水上でも戦闘が勃発する。水上を輸送・移動の手段として活用すれば、陸路の移動では実現不可能だったアプローチが可能になるし、そうなれば敵対勢力は当然、その水上の輸送・移動を妨げようとする。そこに水上で戦闘が勃発する素地がある。（よくよく考えれば、船の発明によって水上を動き回れるようになったこともまた、ひとつのゲームチェンジャーである）

ところが、測位・航法の手段がなければ、水上での自由な移動が成立しない。陸地の物標を目印にして現在位置の当たりをつける、いわゆる地文航法では、陸地を常に視界内に入れておかなければならない。すると、陸岸からせいぜい20～30㎞程度しか離れることができない。陸岸が水平線の下に隠れてしまえば地文航法は成立しないから、現在位置が分からなくなって迷子になる。

この問題を解決するには、地文航法に頼らない測位・航法手段が必要である。そこで登場したのが、地磁気を利用して方位を知る羅針盤であり、天体の位置に基づいて現在位置を割り出す天測航法である。天測航法を実現するには、天文学の知識と、精確な時計（クロノメーター）が必要だ。

これらのアイテムが出揃い、人間が船に乗って積極的に外洋に繰り出せるようになったことで、初めて「大航海時代」が実現した。海を介して遠方に出ていくことで、それまで手に入れることができなかった（あるいは困難だった）品物を入手できるようになり、世界的な貿易、そして海外植民地作りといった話につながる。そうなれば自国を遠く離れた場所で国家同士の利害の対立が起こり、戦争が起きる原因にもなる。

つまり、天文学や洋上航法の発展は、海、とりわけ外洋という新たな戦闘領域を実現した、ともいえるのである。そして、この分野で得られた航法の技術は後に、航空の分野にもメリットをもたらしている。

航空機と人工衛星

古来、戦争とは高所の奪い合いであった。高所に見張りを置けば、より遠方を見通すことができて状況認識の助けになるし、そこに長射程の武器を据えれば、より遠方にいる段階で敵軍を攻撃できる。ただし、その高所は地形・地勢という形で、もともと存在するものであった。

それを一変させたのが航空機の出現だった。航空機は空を飛ぶものだから、どこでも、それがいる場所が高所になる。しかも、航空機の性能向上により、地上にあるどんな高所よりも高いところを飛べるようになった。その航空機に偵察員やセンサー機材を載せれば、遠方まで監視できる手段になる。武装を載せれば、遠方まで攻撃できる手段になる。

この「戦場の立体化」に加えて、「速力」「機動性」という革新もある。陸上や洋上を移動する各種ヴィークルと比較すると、航空機の速力は一桁速い。つまり、戦場のスピード化である。

なお、同じ「飛びもの」でも、速力と機動性、そして防禦力という点で見劣りしたことから、飛行船はゲームチェンジャーたり得なかった。飛行船が戦場で活躍できたのは、飛行機の性能が大幅に向上するまでの間、ほんのわずかな期間に限られている。

　それをさらに突き詰めたのが人工衛星である。現在、人工衛星を武装化して地上を攻撃する事例は存在していないが、人工衛星が別の人工衛星を破壊する、いわゆるキラー衛星の話なら取り沙汰されたことがある。

　とはいえ、人工衛星がもたらした究極のゲームチェンジとは、「究極の高所からの偵察」であろう。航空機よりもずっと高いところから偵察ができるので、しかるべき性能のカメラさえ用意すれば、はるかに広い範囲をカバーできる。アメリカのトランプ大統領がうっかり（?）ツイートしてしまった、イランの打ち上げロケット事故現場を撮影した衛星写真の精細さが話題になったが、今の偵察衛星ならあれぐらいの情報量がある、ということなのだ。

　しかも航空機と違い、人工衛星は敵国の上空を通過しても領空侵犯にならない。法的な意味での領空侵犯をやらずに敵国の国内をのぞき見る手段ができたのだから、偵察衛星はレッキとしたゲームチェンジャーである。（偵察衛星については次の章で、項を改めて取り上げる）

　それと比べると、通信衛星は「以前にもできたことを、より効率的に」というものだから、ゲームチェンジャーというには物足りない部分がある。遠距離の無線通信というだけなら、短波（ＨＦ）による通信でも実現はしていたからだ。ただしＨＦ通信には、時間帯によって通信状況が変わるとか、スキップ・ゾーンができるとか、伝送能力が低いとかいった問題があった。

　それらの問題は、衛星通信の出現によって、桁違いに改善されている。そして、衛星通信を利用する高速のデジタル通信網を構築することで、全世界規模での軍事作戦のネットワーク化と情報共有につながり、指揮・統制・通信分野の革新をもたらしたのは、紛れもない事実であろう。

潜水艦

同じように戦場を立体化して、しかも隠密性という特質を備えたのが潜水艦である。新たな武器体系を作り出し、新たな戦闘の様態を作り出したという点で、潜水艦もゲームチェンジャーである。航空機は空中に戦場を立体化したが、潜水艦は海中に戦場を立体化した。

大型の水上戦闘艦を多数揃えるのが難しい国にとって、特にゲームチェンジャーとしてのメリットが大きいのが潜水艦である。それを最大限に活用した典型例が、第一次世界大戦と第二次世界大戦においてドイツ海軍が、そして第二次世界大戦においてアメリカ海軍が展開した、通商破壊戦であろう。

敵軍の側から見れば、対水上戦（ASuW：Anti Surface Warfare）と対潜戦（ASW：Anti Submarine Warfare）では、やり方も、求められるノウハウもぜんぜん違う。水上艦なら目視によって探知できるが、海中から忍び寄る潜水艦は目視できないし、レーダー電波は水中に透過しないからレーダーも使えない。結局、音波を用いる探知が主体であり、それは現在も変わっていない。

ところが、音波を用いる探知は一筋縄ではいかない。事前のデータ収集が重要になる上に、熟練を要するので誰でも簡単にできるものではないからだ。海水の温度分布や塩分濃度といった要因によって音波の伝搬が違ってくるし、パッシブ探知では敵潜水艦が発する音響データを収集しておかなければならない、という課題もあるからだ。

潜水艦は海中に隠れ潜むことができるだけでなく、それを探知する手段が限られる点でも強みがある

おまけに、潜水艦は隠密性を備えているだけでなく、対艦攻撃の主兵装として魚雷を用いるところが厄介だ。海中から魚雷を用いて攻撃すると艦船の水線下に破口を開けることができるので、水面上に露出している部分を攻撃するよりも撃沈しやすい利点があるからだ。

これだけでも潜水艦は厄介な存在だが、そこに原子力機関を組み合わせることで、通常潜では実現不可能だった「長時間の連続潜航・高速航行」が可能になったから、ますます厄介の度が増した。襲撃の際には騒音を抑えるために減速せざるを得ない場面もあるだろうが、原子力機関があれば、長時間の高速潜没航行が可能である。ということは、隠密裏に高い機動力を発揮できるということであり、戦術的なメリットは大きい。通常潜では事前に哨区を決めて待ち受けるしかないが、原潜ならこちらから機動展開して先回りできる。

つまり、潜水艦にとっての原子力機関もまた、ゲームチェンジャーだったのだ。日本では潜水艦乗りのことを「ドンガメ」というが、水上艦と同等の速度で海中を航行できる攻撃型原子力潜水艦は、少なくともドンくさくはない。足の速い亀である。

その原子力潜水艦に弾道ミサイルを搭載することで、隠密性と機動性と高い威力を備えた、究極の戦略核戦力ができあがった。イギリスやフランスが、戦略核戦力の重点をミサイル原潜に集約していることが、その有用性を物語る。

ただし、こうして潜水艦の威力が実証され、能力が向上してくると、対抗手段として対潜戦（ASW）のための技術開発、戦術開発も進むことになった。音波による探知が不可欠なことから、海中での音響伝搬、あるいはソナーの音響情報解析といった面の技術開発が進んでいる。そして、水上艦も潜水艦も互いに被探知を避けるために騒音低減が進んでおり、このいたちごっこに終わりは見えない。

そういう意味で、ゲームチェンジャーの出現が藪をつついてヘビを出した一面がある。

なお、潜水艦というと通商破壊戦がついて回るが、これは運用型ゲームチェンジャーといえるのだろうか。筆者は、それはないと考えている。

なぜかというと、敵国の洋上交通を妨げるという戦争のやり方自体は古来からあり、たとえばアメリカの南北戦争では北軍が南軍に海上封鎖を仕掛けた。また、海戦史をひもといてみると、海賊や私掠船といった形態もあった。

それが、潜水艦の出現によって、より効率的に、大規模に行なえるようになったのは紛れもない事実だが、潜水艦の登場によって初めて通商破壊戦が可能になったわけではない。したがって、「潜水艦」はゲームチェンジャーだが、「潜水艦による通商破壊戦」はゲームチェンジャーではないとみなしている。

サイバー戦

サイバー戦も、典型的な「新たな戦闘空間を作り出したゲームチェンジャー」である。軍種を指して「陸海空軍」というぐらいだから、戦闘空間も陸海空ということになるが、近年ではそこに宇宙空間とサイバー空間を加えるという認識が出てきている。

宇宙空間については、先に人工衛星について取り上げているから、異論はないだろう。ではサイバー空間とは何かという話になるのだが、ここでは情報通信技術（ICT：Information and Communication Technology）を構成する機器と通信網、と定義する。もっとも身近なところにあるサイバー空間といえば、インターネットと、そこにつながっている各種のデバイスだが、インターネットから切り離された情報通信システムもあるのだから、「インターネット=サイバー空間」ではない。「インターネットはサイバー空間の一部」である。

さて。サイバー攻撃に用いられる手口の多くは、なにも軍事用途に限らず、民間分野でも用いられているものだ。それを「個人の自己満足のために使うか、国家が政治的・軍事的・経済的な目的を達成するための手段として使うか」という違いである。

いわずと知れた話だが、サイバー戦の分野に力を入れている国としては、中国、ロシア、北朝鮮がある。これにはちゃんとした理由がある。

まず、アメリカや日本を初めとする、いわゆる西側諸国はおしなべて、軍事作戦でも経済活動でも市民生活でも、さまざまな形で情報通信技術に大きく依存している。裏を返せば、その情報通信技術基盤が機能不全を起こしたときのダメージが大きい。したがって、情報通信技術を構築・運用するための基盤は、敵対勢力から見れば魅力的な攻撃目標になり得る。

次に、物理的な攻撃を行なう場合と異なり、サイバー攻撃能力の良し悪しは、資金力や工業力にストレートに依存しない。パーソナルコンピュータやソフトウェア開発ツールぐらいならコストは低いし、むしろ有能な人材を確保することの方が重要である。

そして、いわゆる民主主義国と比較すると、ことに中国や北朝鮮のような国では、有能な人材を発掘あるいは育成して、サイバー戦士に仕立てるのが容易であろう。これが日本や欧米だと、優秀なソフトウェア開発者は奪い合いになり、人材が往々にして、高給に惹かれて民間セクターに流れてしまう。

そして、いわゆる民主主義国と比較すると、抑圧的な体制の国では人権・人道に対する配慮、あるいは宗教的な倫理意識といったものを無視することができる。つまり「サイバー戦で勝つためなら何でもあり」という形を実現しやすい。分かりやすいところだと、個人情報保護もへったくれもあったものではない。

現に、中国では顔認証技術と監視カメラ網、さらには電子決済技術などを連携させることで、個人の消費動向や日常の行動に関する膨大なデータを収集するとともに、それらを活用した「個人格付け」といった動きまで進んでいる。そうやってかき集めたデータは、深層学習（ディープラーニング）や人工知能（ＡＩ）といった分野の研究、あるいは実用にも活用できる。

一方、ヨーロッパではEUが2018年5月25日から一般データ保護規則（GDPR：General Data Protection Regulation）を導入、大手IT企業などによるデータ収集に規制をかける動きに出ている。人権意識が高い欧米諸国、あるいは欧米諸国と共通する価値観を持つ国では、中国みたいな国と比べると、データ収集・活用という点で足枷がはめられていることは否定しがたい。中国並みに「電子決済の履歴を活用した個人格付け」なんて話を持ち出したら、大反発は間違いないだろう。

そもそも、こんな話になった遠因としてはインターネット普及初期の「インターネットでは何でもタダで手に入る」という風潮があった。そうした中で、いかにして無料サービスを提供しつつマネタイズを図っていくか、と知恵を絞った結果として、個人情報を収集して商売種にする結果になった、といえるのではないか。その結果、そうした個人情報ビジネスに対する規制が生まれることになったし、その典型例がGDPRである。

こうした周辺環境の違いもまた、サイバー戦の分野において、とりわけ中国や北朝鮮やロシアのような国にとって有利な方向に働いている、といえるのではないか。逆に、これを中国の側から見ると「自国が得意とする分野で、相手の脆弱な分野を突き、しかも相手がキャッチアップしてくるのは難しい」という、理想的なゲームチェンジャーということになる。

インターネット

サイバー戦とオーバーラップする部分もあるのだが、わざわざ「インターネット」を独立した項目として立てたのには、ちゃんと理由がある。

前項のサイバー戦は、どちらかというと技術的な面での戦い、つまり不正侵入とか情報窃取とかいった類いの話が中心である、という見地から書いた。しかし、筆者が以前から書いているように、もっと広い意味でのサイバー戦（サイバー空間における戦い全般）という話になると、それだけでは終わらない。宣伝戦・心理戦といった話も入ってくる。

かつては、宣伝戦・心理戦のツールというと、ビラ撒きに始まり、ラウドスピーカーによる呼びかけやテレビ・ラジオ放送といったあたりが主力だった。ラウドスピーカーによる呼びかけは38度線で行なわれているものが知られているし、テレビ・ラジオ放送といえばアメリカ空軍が専用機まで用意しているのは有名だ。

ただ、境界線にラウドスピーカーを仕掛けるぐらいならともかく、専用機まで用意するのは敷居が高い。しかもテレビ放送の規格はいくつもあり、心理戦・宣伝戦の対象に合わせた規格で放送しなければならない。それに、ラウドスピーカーではリーチできる範囲が限られる。こんなことを書くのもなんだが、38度線でラウドスピーカーを使って宣伝放送を行なっても、リーチできる対象は北朝鮮の国境警備兵ぐらいしかいないだろう。国民全般を対象にするわけにも行かない。

そうした問題を解決してくれるのがインターネットというわけだ。世界規模のネットワークだから、地球の裏側から対象国の国民に向けて宣伝を仕掛けることもできるし、その際のコストは極めて安い。しかも、ニセ記事をでっち上げるだけでなく、いかにももっともらしく見えるニセ画像を用意する作業も、コンピュータと画像編集ツールが普及したおかげで容易になった。静止画と比べると敷居が高そうだが、動画についても事情は似たようなものだろう。

２０１６年のアメリカ大統領選挙の頃からだろうか、フェイクニュースという言葉がしきりに聞かれるようになった。なにもアメリカだけがターゲットになっているわけではない。だいたい、これを書いている当の筆者が、中国の「環球時報」がでっち上げたフェイクニュースで勝手に名前を出されてしまっているぐらいだ。

しかし、当の本人が「これはでっち上げだ」と承知していても、何も知らない読み手が見れば「専門誌『軍事研究』に記事を書いている井上某がいっていることなら本当だろう」と真に受けてしまう可能性は高い。ましてや、件の記事はもともと中国国内向けの記事なのだから、尚更である。

こうなると、これはもう心理戦・宣伝戦の分野におけるゲームチェンジャーに他ならないし、過去には存在しなかった新しい戦闘空間である、ともいえる。だから、「インターネット」の項をこの章に組み込んだのである。

電波兵器と電子戦

無線通信の実用化により、物理的なインフラを用意する必要なく、遠方まで、かつ迅速な情報伝達を行なえるようになった。これはまさに典型的なゲームチェンジャーといえる。逆に、有線の電気通信は、狼煙やセマフォに始まる陸上での目視通信の置き換えという見地に立てば、すでにやっていたことをより効率的に、迅速にできるようにしたものだといえる。

その無線通信から派生した、レーダーを初めとする電波兵器もゲームチェンジャーであったといえる。目視に頼る場合、夜間や悪天候下での探知は難しく、それが被探知を避けて生存性を高めるための夜間爆撃戦術につながっていた。ところがレーダーの出現により、昼夜・天候を問わない探知が可能になり、しかも探知可能距離は目視よりもはるかに長い。よって、24時間フルタイムの長距離警戒監視が可能になった。すると夜間爆撃の有用性が減殺されてしまうし、実際、第二次世界大戦ではそうなっている。

また、目視よりもはるかに遠方で敵を探知できるようになったため、「早期警戒」という概念が現実のものになった。敵機の飛来を早期に把握して、事前に戦闘機を上げて有利な態勢で待ち受けられるようになったのは、レーダーの実用化あればこそだ。ただしそれだけでなく、指揮統制のシステムを整備するとか、報告を受けたり指令を上げたりするための通信網を整備するとかいう、周辺環境の整備も不可欠であった点は付言しておかなければならないだろう。

つまり、対空捜索レーダーの出現は、航空戦のあり方を変えただけでなく、防空指揮管制システムという新たなウェポン・システムの出現につながったものといえる。その防空指揮管制システムが情報通信技術の活用によって高性能のものになれば、今度はその防空指揮管制システムを狙ったサイバー攻撃という新たな戦闘形態も現実のものになってくる。こうして波及的にゲームのルールが変わっていく。

ただし一方で、電波兵器の活用はクニッケバイン、Xゲレト、オーボエ、Ｇｅｅ、ＬＯＲＡＮ（Long Range Navigation）、オメガなどといった航法支援という形で、爆撃機の側にも恩恵をもたらしている点を忘れてはならない。

すると結果として、敵の電波兵器の能力を損ねるために電子戦（ＥＷ：Electronic Warfare）という考え方が生まれる。ここでもまた、電波兵器の出現が新たな戦闘、新たな任務様態、新たな装備の出現につながっている。

電子戦とは、「敵軍が使用している電波兵器に関する情報収集（ＥＳ：Electronic Support）」、「敵軍が使用している電波兵器に対する妨害（ＥＡ：Electronic Attack）」、「敵軍が仕掛けてくる、自軍の電波兵器に対する攻撃への対処と防護（ＥＰ：Electronic Protection）」の総称だが、いずれをとっても、「陸海空」という古来からの戦闘空間とは異なるものである。

電波兵器が登場して有用性を見せつけた結果として、敵軍が使用している電波兵器を対象とする攻撃という新たな様態が生まれて、最終的に「電子の世界」という新たな戦闘空間を生み出した。そういう認識から、「電波兵器」をこの章に組み込んだわけだ。しかも、電波兵器や電子機器に関する技術は前述のサイバースペースや、インターネットのようなコンピュータ・ネットワークにも関わってくるものだ。そのため近年では、「サイバー電子戦」として、サイバー戦と電子戦を一体のものとみなす傾向が出てきている。

第4章　ゲームチェンジャーの具体例――戦略レベル

次に取り上げるのは、「新たな戦闘空間の創出につながったというほどではないが、国家戦略・軍事戦略に大きな影響を及ぼしたもの」というくくりの一群である。

弾道ミサイルと極超音速滑空飛翔体

核兵器と、その投射手段は、「爆撃機に搭載する自由落下型核爆弾」から「核弾頭装備の有翼ミサイル」に、そして「核弾頭装備の弾道ミサイル」に発展してきた。高高度を飛翔するから発見と迎撃が容易な上に、速度が遅い有翼ミサイルと比べれば、大気圏外から高速で突っ込んでくる弾道ミサイルの方が迎撃が難しい。その弾道ミサイルに核弾頭を組み合わせることで、究極の戦略兵器ができあがった。

ただし、いったん角度と速力が決まれば、あとは物理法則に従って弾道飛行する弾道ミサイルは、飛翔経路の予測が比較的容易である。したがって、その飛翔経路に合わせて迎撃ミサイルを発射して、飛来する弾道ミサイル（またはそこから分離した再突入体）の前方に占位させることで、直撃破壊できる理屈となる。

とはいうものの、口でいうのは簡単でも、実現するのは簡単ではなかった。使い物になる弾道弾迎撃システムが登場して、試験で好成績を残すようになったのは、比較的、最近の話である。今でも「弾道ミサイルの迎撃なんて、銃弾で銃弾を迎え撃つようなものだ」といった類のことを主張する人がいるが、飛来する4・5インチ砲弾を試射で撃ち落とした艦対空ミサイルがなかったっけか？

閑話休題。弾道ミサイルよりも迎撃が難しいとみなされているのが、最近になって業界を賑わせている極超音速飛翔体である。おおむね、マッハ5ないしはそれ以上の速度で大気圏内を飛翔するものを指している。

極超音速滑空飛翔体は、飛翔中の経路変更が可能なので、弾道ミサイル防衛のような「経路を予測しておいて、先回りするように予想針路上に迎撃ミサイルを上げる」という原則が通用しない。飛来する飛翔体の速度・針路・高度の変化を時々刻々追尾し続けて、迎撃する側もそれに合わせてコースを修正し続ける必要がある。飛来する飛翔体の側が急に大きな進路変更を行なえば、追随できなくなる可能性もある。

そして、一般的な航空機搭載用の空対地ミサイル、あるいは陸上・艦上から発射する巡航ミサイルと比較すると、極超音速飛翔体は、飛翔速度が速く、射程距離が長い。このことは、本土から遠方のターゲットを迅速に攻撃できる能力の実現につながる。飛翔速度が速ければ、相手が気付かないうちに、あるいは迎撃態勢を整える時間的な余裕がないうちに、ターゲットを破壊できるかも知れない。このほか、移動可能なターゲットなら別の場所に移動させる、隠蔽が可能なターゲットなら隠蔽の手段を講じる、といった可能性についても、迅速な攻撃によって封じられるかも知れない。

また、射程距離が長ければ、相手国の近隣に空母、戦闘機、爆撃機などの「目に見える戦力」を送り込んで、相手国に攻撃の発生を予測させる（攻撃側にとっての）リスクを減らせるかも知れない。

冷戦終結後、財政的な事情と政治的な事情の両面から、アメリカは軍の海外駐留を縮小してきているが、そのままなら有事の際の即応能力を減じる方向につながる流れといえる。しかし、もしもアメリカ本土から紛争相手国の戦略的中枢施設を迅速に、かつ精確に攻撃できる手段があれば、状況をひっくり返せる可能性がある、と考えることに不自然さはない。アクセス拒否・地域拒否（A2AD：Anti-Access/Area Denial）という言葉が喧伝される昨今、敵国の近隣まで戦力を送り込まなくても済む攻撃手段があれば、それはゲームチェンジャーとなり得る。それが、迎撃困難な手段であれば尚更だ。

ただし、アメリカと同じように極超音速飛翔体の開発に力を入れている中国やロシアから見ると、いささか事情が異なる。これらの国にとって、真っ先に考えなければならないのは「アメリカの軍事力が自国の近隣まで寄ってくる事態を避けること」であり、それには迎撃が不可能か、せめて困難な攻撃手段を用意して「寄らば切るぞ」と脅しつける必要がある。そのための極超音速飛翔体である。

中国の対海洋A2AD手段というと、東風21D（DF－21D）対艦弾道弾（ASBM：Anti-Ship Ballistic Missile）もある。だが、終末段階である程度の誘導・飛翔経路変更能力を持たせるといって

2020年2月12日に行なわれたミサイル原潜「メイン」によるトライデントIIの試射。原潜にSLBMを組み合わせることで究極の戦略兵器ができた(US Navy)

も、根本的には弾道ミサイルであり、ターゲティングをどうするかという課題はついて回るのではないか。その点、飛翔時間は弾道弾より長くなるが、極超音速飛翔体の方が有用という考え方が出てきても不思議はないと思われる。

核分裂反応

核分裂反応を利用して、一挙に強大なエネルギーを放出する核兵器は、良くも悪しくもゲームチェンジャーであり、戦闘・戦争だけでなく国際政治や外交にまで影響を及ぼした希有な存在である。

ただし、べらぼうな破壊力を発揮できる一方で、使用した後の置き土産があまりにも性悪であることから、逆説的に「使えない兵器」になってしまった。

そこに、前述した弾道ミサイルを組み合わせることで、「究極の戦略兵器」ができたが、これもいいかえれば「究極の使えない兵器」(この場合の「使えない」とは、「使い物にならない」という意味ではなく「滅多なことでは使用の決断ができない」という意味）が実現した、といえる。そのことが結果として、相互確証破壊理論に基づく抑止という考え方に結びついた。核兵器の出現は、戦争のやり方だけでなく、軍備規制のあり方や世界秩序のあり方にも影響をもたらしたのだから、ゲームのルールを変えた存在である点に疑問はないだろう。

それだけでなく、同じように核分裂反応を利用するが、徐々に強大なエネルギーを放出する使い方として、原子炉がある。外気を必要としないから潜水艦の主機として好適であり、長時間の連続高速航行も可能になるのは先に述べたとおり。そして、原子力潜水艦に核弾頭装備の弾道ミサイルを搭載すれば、究極の戦略核兵器ができあがったのだから、これもまた、世界政治におけるゲームのルールに影響をもたらした装備のひとつである。

鉄道と大量輸送

陸上輸送の効率化という見地から歴史をひもとくと、人手や馬匹の背中に貨物を背負わせる方法に始まり、荷車を作って馬匹に引かせる方法に進化した。馬匹に引かせる代わりに内燃機関を使えば、自動車になる。こうした変化は確かに、「より多くの人や貨物を、より迅速に運べる」という形の進化ではある。

しかし、陸上での高速・大量輸送ということになると、鉄道の登場がもたらしたインパクトは大きい。国によっては、鉄道の普及が国家レベルの軍事戦略にまで影響を及ぼしているからだ。

機動戦の主役である戦車を鉄道でまとめて大量輸送することで、戦略的機動力にもつながる(US Army)

軍事に関わる鉄道というと、2種類ある。ひとつは常設の鉄道網、もうひとつは戦地で急造する野戦鉄道である。

まず野戦鉄道。実のところ、道路を構築する方が鉄道を建設するよりもはるかに迅速だし、レールや枕木などといった特殊な資材を必要としない利点もある。しかし、道路輸送では輸送能力に限りがあるし、それを解決しようとしても大量のトラックを用意できるかどうかという問題がついて回る。おまけに、トラックの数が増えれば、そのトラック自体が大量の燃料を消費するし、トラック1両ごとに操縦手を用意しなければならない。

ところが、たとえ軽便鉄道並みの簡素な規格であっても、野戦鉄道の方がはるかに効率的な輸送が可能である。鉄道は、機関車の牽引能力と線路の条件が許す範囲で多くの貨車を連結できるが、必要な人手は機関車を動かす機関士と機関助士だけである。つまり、輸送能力の増加に対する人手の所要増加が少なくて済むから、人的な面で効率が良い。

まだ自動車があまり広く使われていなかった、19世紀の末から20世紀の初めの頃にかけては、野戦鉄道が戦地輸送のエースだった。クリミア戦争みたいに、戦地で野戦鉄道を建設することで効率的な輸送が可能になった事例はいくつもある。

ただし第二次世界大戦の頃になると状況が変わってきて、アメリカやソ連みたいに大量のトラックを駆使する軍隊が出てきたが、すべての国がそうなったわけではない。依然として人手や馬匹に頼っていた軍隊も少なくなかった。そういう国では相対的に、野戦鉄道の重要性が高くなる。

それだからこそ、日本陸軍はタイからビルマ（現ミャンマー）に通じる鉄道、いわゆる泰緬（たいめん）鉄道を建設しようと企てたのではなかったか。ソ連軍も、レニングラードの封鎖を解いた後で真っ先にやったことは、奪還したラドガ湖の南岸沿いに野戦鉄道を敷くことだった。それが完成して稼働を始めたことでレニングラードにおける食糧の配給量が跳ね上がったというから、鉄道の威力は歴然としている。

では、各国が自国内で建設・運営している常設の鉄道網はどうか。こちらは野戦鉄道と比べると、速度の面でも輸送力の面でも遥かに優れている。急造品ではないから、軌道の精度も負担力も優れており、結果として高速大量輸送を実現しやすくなる。これを活用すると、自国内のある方面から別の方面に、兵員と装備と物資を一気に運び込むことができる。また、戦地に近い補給端末駅まで兵員と装備と物資を運び込む場面でも、常設の鉄道網は威力を発揮する。

自国内で迅速な軍隊の移動が可能ということになれば、たとえば東西双方に仮想敵国を抱えている国が、双方に十分な戦力を張り付ける代わりに、「まず東側に戦力を投入してケリをつけて、次にその戦力を西側に移動して、そちら側もケリをつける」なんていう考え方が出てくる。

もっともこれは、実際にやってみたら机上の空論だった、ということになるかもしれない。だが、ここで問題にしているのは結果ではなくて、「鉄道の出現が国家の軍事戦略に影響を及ぼす可能性につながった」という点である。それはすなわちゲームチェンジャーである。

そういう意味では、鉄道が争奪戦の対象になる場面が生起したことも、ゲームのルールを変えた一例といって良いかもしれない。道路事情が悪いところでは、幹線道路でも争奪戦の対象になるが、戦勝国が敗戦国に対して道路の引き渡しを求めるような場面があっただろうか。鉄道ならそれがある。手近な事例としては、南満州鉄道がそれだ。

航空母艦

航空機（この場合には固定翼機を対象とする）を運用するには、主翼が十分な揚力を発揮できる速力まで加速する必要がある。そのため、長大な滑走路を備えた飛行場がなければ、航空機を飛ばすことはできない。すると、航空機を軍事作戦で利用する際には、確保できる飛行場の所在地と、そこから飛ばす航空機の航続性能によって、航空機を投入できる範囲が決まってしまう。

これまで味方航空戦力を投入できなかった場所に、新たに味方航空戦力を投入しようとすれば、まず飛行場の適地を確保して、そこに飛行場を造成する必要がある。それが元で一大消耗戦に発展した典型例が、ガダルカナル島をめぐる日米の攻防であった。太平洋戦争において、太平洋の各地で日米が展開した島嶼の争奪戦も、本質的には飛行場の適地をめぐる争奪戦である。

ところが、航空母艦があると事情が変わる。航空母艦とは移動式の飛行場だから、飛行場どころか陸地が近隣にない場所においても、航空戦力の投入が可能になる。その航空戦力が十分な数と能力を備えていれば、戦局の様相を一変させる可能性につながる。実際、太平洋戦争の中期から末期にかけて、アメリカ海軍が日本に対して、それをやっている。

ただし、これが成立するためには重要な前提条件がいくつかある。

・航空母艦が搭載する航空機が、第一線級の能力を備えていること。
・航空母艦が十分な数の航空機を搭載・運用できること。
・もともと軍用機搭乗員に求められる資質・能力に加えて、航空母艦からの発着という特殊技能を備えた搭乗員を継続的に養成・維持できること。
・本質的には「護衛される艦」である航空母艦に対して十分な随伴艦をつけて、ちゃんと守り切れる戦力を確保すること。

これらの条件を満たすためには、相応の技術水準と人手と資金を必要とする。搭載機の能力が不足していたり、搭載機の数が少なかったりすると、それは有力な洋上航空戦力にならない。それではプレゼンスも抑止も実戦もあったものではない。そのことは、ブラジル海軍やタイ海軍の空母がたどった道筋を見れば容易に理解できるはずだ。

しかも、航空母艦と、それを中核とする任務部隊がひとつしかないのでは、それが修理や錬成のサイクルに入っている間は使えない戦力になってしまうから、少なくとも2セットは必要になる。それができないと、航空母艦はロシアやフランスみたいに「ときどき出てくる戦力」にとどまる。

洋上補給

艦艇が搭載している燃料・武器弾薬・糧食が尽きた場合、昔は根拠地となる港に入れて補給するしかなかった。すると、根拠地を確保するとともに、そこに所要の物資を用意しておく手間もかかってしまう。しかも、根拠地が最前線に近いところというわけにはいかないから、必然的に「補給のためにいったん後方に下がる」という形になる。このことが、作戦面の足かせになったことは否定できない。

しかし、洋上補給が可能になったことで事情が一変した。まず、自艦搭載燃料だけでは進出できない遠方まで繰り出せるようになった。そして、洋上補給を行なえるのであれば、いちいち補給のために艦隊を後方の根拠地まで下げる必要がなくなるので、艦隊が戦闘任務から外れる期間を短くできる。ただし、洋上補給に頼って長期任務を続ければ乗組員が疲弊するので、やれるといっても程度問題ではある。

洋上補給によって長期間の洋上行動が可能になった一例が、第二次世界大戦後期のアメリカ海軍・

海上自衛隊の観艦式では、展示のひとつとして洋上給油を見せるのが通例

第38任務部隊である。1944年10月6日にウルシー環礁を出発した後、沖縄、台湾、フィリピンと駆け回り、南シナ海での南方交通路攻撃までやってのけた。その間、任務部隊を構成する各艦は少なくとも85日間にわたって洋上にとどまり続けて、根拠地に停泊するようなことはなかったという。

ただし、それを実現するには相応の支援戦力が必要になる。それが、給油艦34隻、護衛空母11隻、給兵艦(弾薬補給用の艦)6隻、貨物船7隻、護衛のために随伴する駆逐艦19隻と護衛駆逐艦26隻、航洋曳船10隻といった面々である。これらの艦船が複数のグループに分かれて、洋上の補給点とウルシー環礁の間を行き来していた。つまり、根拠地で補給を受けるのは支援戦力の方だったのだ。ちなみに、支援戦力として護衛空母がいるのは、消耗した航空機の補充輸送を担当するためである。

そこのところは航空機に対する空中給油も似ているが、洋上補給と決定的に異なるのは、空中で補給できるのは燃料だけということだ。飛行中の飛行機から別の飛行機に対して、交代の搭乗員を送り込んだり、武器弾薬を補給したりといったことはできない。無論、空中給油の実用化によって航空作戦の可能性と柔軟性が広がったのは事実だが、ゲームチェンジャーとしてのインパクトでは、洋上補給の方が上を行く。

トマホーク巡航ミサイルと戦場の無人化

ここでは「巡航ミサイル全般」ではなく、BGM－109（現在はRGM／UGM－109）トマホークに話を限定する。

前述したような歴史的経緯から、核軍縮条約による規制の重点は、核弾頭装備の弾道ミサイルに置かれていたといえる。しかし、片方に規制があれば、他方に抜け穴探しがあるのは世の習い。既存の核軍縮条約の枠組みに当てはまらない、画期的な核ミサイルはできないものだろうか？

……という発想そのものがすでに、ゲームチェンジャーの実現を企図したものであった点に留意して欲しい。

そしてアメリカにおいて、かかる思考の結果として考え出されたのが、巡航ミサイルという新たな武器体系である。亜音速で飛行する有翼ミサイルならずっと前からあったが、それらは見つかりやすい高空を飛行するものだった。しかし、1970年代以降に登場した巡航ミサイルは、見つかりにくい低空を飛行するだけでなく、高い精度の航法能力を備えることができた。慣性航法装置（INS：

Inertial Navigation System）、地形等高線参照（ＴＥＲＣＯＭ：Terrain Contour Matching）、デジタル画像照合・地域相関（ＤＳＭＡＣ：Digital Scene-Matching Area Correlation）、ＧＰＳ（Global Positioning System）といった技術のなせる技である。

しかも、高精度の誘導制御を実現したことで、核弾頭だけでなく通常弾頭を備えたミサイルも実用的なものになった。命中精度が低ければ、核弾頭の大威力に頼らなければならないが、命中精度が高ければ「一発必中」を期待できるようになるので通常弾頭でも用が足りる。

それを具現化したのがアメリカ海軍のトマホークであり、アメリカ空軍のＡＧＭ-86Ｂ ＡＬＣＭ（Air-Launched Cruise Missile）である。このうち、トマホークが優れていた点は2点ある。まず、魚雷発射管から撃てるサイズにまとめ上げたこと。これにより、潜水艦は専用の発射筒を備えていなくても、トマホークを撃てることになった。おかげで、アメリカの攻撃型原潜だけでなく、イギリスの攻撃型原潜もトマホークを装備できた。しかも、魚雷程度のサイズにまとめ上げたおかげで、陸上発射型を派生させる作業も容易になったのではないだろうか。

後になって、ロサンゼルス級はトマホーク用の垂直発射システム（ＶＬＳ：Vertical Launch System）を追加導入したし、ヴァージニア級もそれを引き継いでいるが、それは弾数を増やすためであって、それがないと撃てないからではない。

もうひとつのポイントは、モジュール化の徹底である。同じ巡航ミサイルでも、レギュラスやスナークなどといった古い有翼ミサイルと異なり、「誘導制御セクション」「弾頭セクション」「主翼と燃料タンク」「推進セクション」がそれぞれ独立したモジュールになっている。だから、異なる誘導方

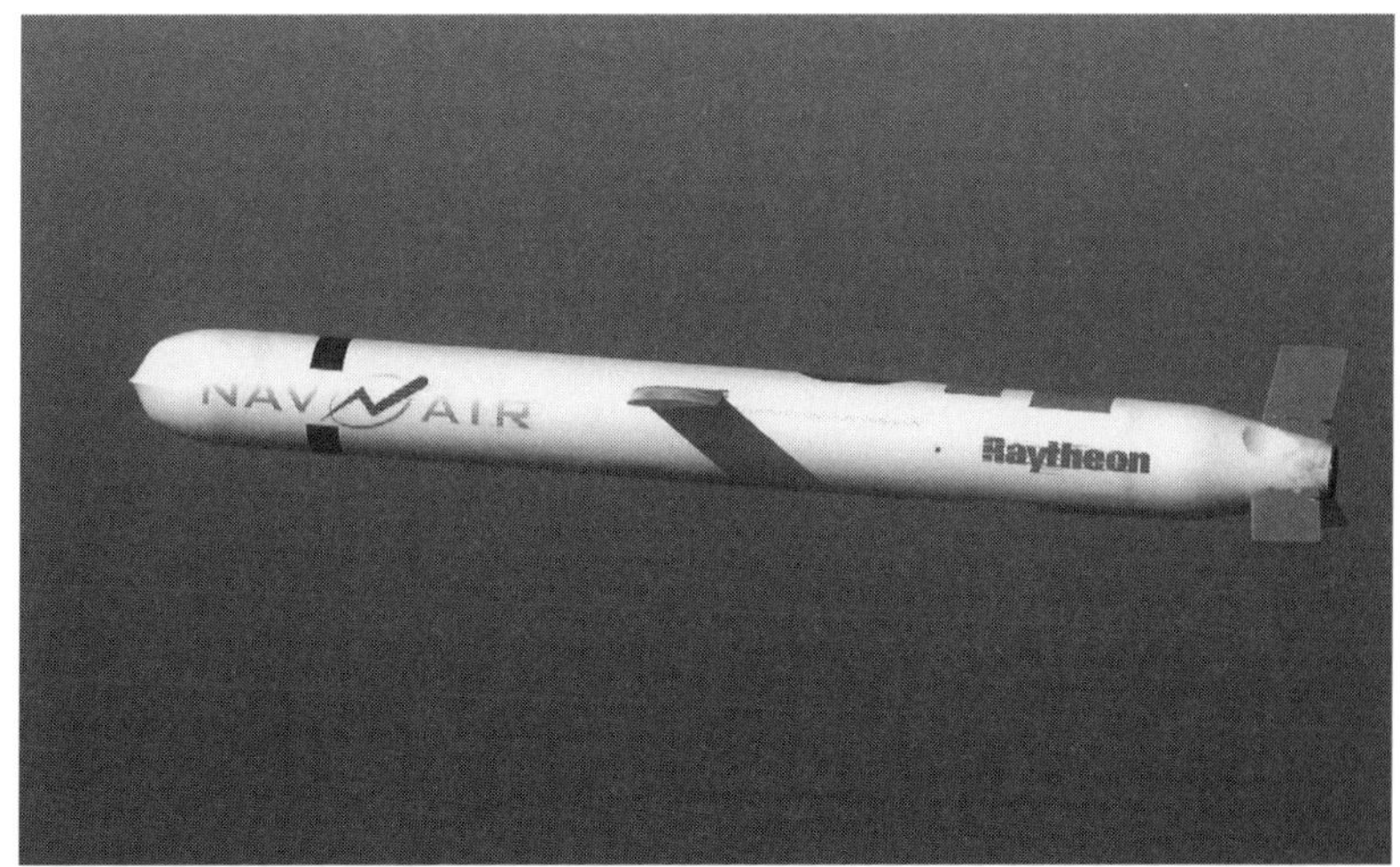

隠密性の高い核兵器投射手段として開発された巡航ミサイル・トマホーク。目標をピンポイントで攻撃できる高精度の誘導制御の実現と魚雷発射管からの発射も可能なコンパクトさで、ゲームチェンジャーとなった（US Navy）

重巡ロサンゼルスの後甲板から発射される巡航ミサイル・レギュラスⅠ。核弾頭装備の戦略兵器として1954年から配備された米海軍最初の艦対地ミサイルで、潜水艦から発射の場合、浮上する必要があった（US Navy）

式、異なる弾頭を持つ派生型を生み出す作業が容易になっただけでなく、生産済みのミサイルを後から別のモデルに作り直すこともできた。

そして、電子技術の進歩を受けた高精度の誘導制御を実現したことで、低速ながら高精度、かつ低空飛行のために隠密性が高い核兵器投射手段ができあがった。これが米ソ間の戦略的バランスに影響したのは間違いないところで、後に中距離核戦力（ＩＮＦ：Intermediate-range Nuclear Forces）制限条約の実現につながった。ちょうど本書の執筆中に、アメリカの脱退が引き金となってＩＮＦ条約は瓦解してしまったが。

巡航ミサイルの登場により、有人機を投入して領空侵犯や被撃墜といった目に遭うリスクを冒すことなく、敵国内（ときどき、宣戦布告した敵国以外のところに撃ち込むこともあるが……）の目標をピンポイントで狙う手段ができた。これはトマホーク以前には実現が難しかった攻撃の様態であり、まさにゲームチェンジャーであったといえる。

偵察衛星

先にも述べたように、戦闘には「高所の奪い合い」という一面がある。航空機が登場する前は陸上で高地の奪い合いをやっていたが、航空機の登場により、高さの限度が一気に上がった。航空機を使えば、山の頂よりもはるかに高いところから敵地を偵察できるので、カバーできる範囲は一挙に広くなる。

米空軍のU-2S偵察機。もともと意図的な領空侵犯（婉曲表現で「オーバーフライト」と称した）を企図して作られた機体。現在は偵察衛星があるので、意図的な領空侵犯は行なわなくなった

そして、航空機の登場によって戦闘空間が立体化して、上空で敵機が自由に行動できないように掣肘するという考え方、制空権や航空優勢といった考え方が登場した。

人工衛星の登場により、戦場の立体化がさらに進み、対象が宇宙にまで広がった。といっても現在までのところ、宇宙空間で撃ち合いをやるとか、制空権ならぬ「制宙権」という言葉が出てくるとかいう状況ではない。しかし、地球の周囲を周回している人工衛星が攻撃目標になる可能性は、常々指摘されている。

ただ、ゲームチェンジャーという観点から見ると、特筆すべきは人工衛星の中でも偵察衛星であろう。これは、陸上における高所の奪い合いの延長線上にある存在だ。

航空機はどんなに高くても大気圏内からの偵察にとどまるが、偵察衛星はもっと高いと

ころから偵察を行なえる。その分だけ広い範囲をカバーできるが、根本的な相違は別のところにある。航空機を平時に仮想敵国の上空に飛ばせば領空侵犯だが、偵察衛星なら平時に仮想敵国の上空に飛ばしても問題はないのだ。

つまり、合法的に敵国の中をのぞき見る手段をもたらしたという点で、偵察衛星はゲームチェンジャーである。もう、U－2偵察機を仮想敵国の上空に侵入させた挙げ句、それが撃ち落とされるようなリスクを冒す必要はないのだ。仮想敵国の内部で起きていることを上空から、しかも合法的にのぞき見る手段ができたことは、外交面でも軍事戦略の面でも大きな変化をもたらした。隠し事が難しくなったからだ。

偵察衛星の出現より前には、閉鎖的な体制を構築して外国人を閉め出したり、スパイ行為を厳しく取り締まったりすることで、自国の中で起きていることを隠しておける可能性があった。それだからこそ、アメリカはU－2偵察機を作り、強引にソヴィエト連邦の内部で起きていることをのぞき見ようとした。

ところが偵察衛星があれば、領空侵犯のリスクを冒さずに済む。もちろん、周回する軌道やタイミングは分かっているから、それに合わせて隠蔽策を講じることはできるし、天気が悪ければ見えるはずのものが見えないということもあり得る。しかし、常に隠蔽できるわけでもなければ、常に悪天候を期待できるわけでもない。悪天候への対処については、合成開口レーダー（SAR：Synthetic Aperture Radar）の登場によって、ある程度は問題を緩和できている。解像度が落ちるが、SARなら昼夜・天候を問わないからだ。

ただし当初は、偵察衛星は国家の専有物だったから、恩恵を受けられるのは特定国の情報機関に限られていた。しかし現在では、民間企業が運用するリモートセンシング衛星でも、下手な偵察衛星より高品質の映像を提供できる。

そして、データがいささか古いことに目をつぶれば、インターネット上の地図サイトを用いて、誰でも「衛星画像解析担当者ごっこ」ができる。筆者自身も、海外で何か事件や事故が起きたときに、まず地図サイトの衛星写真で現場がどんな場所かを確認することが、間々ある。かつては考えられなかったことであり、仕事の内容や進め方やアウトプットにも大きく影響した。個人レベルでもこれだから、軍事組織や国のレベルになれば尚更だ。これをゲームチェンジャーといわずして何というか。

第5章　ゲームチェンジャーの具体例――戦術レベル

次は、「戦術レベルの革新をもたらしたゲームチェンジャー」というくくりの一群。戦略的(strategic)あるいは戦術的(tactical)という言葉の使い方については是非論がありそうだが、本書では「戦争のやり方」「戦闘のやり方」と置き換えて考えてもらえば、大外しはしていないと思う。

海軍の空軍化

ワシントン条約で戦艦と空母、続くロンドン条約で巡洋艦の戦力に足枷をはめられた日本海軍が、それらのいずれにも該当しない対水上打撃力として航空機に着目、九六式や一式といった陸上攻撃機を生み出した。その考え方自体は、ゲームチェンジャーとなり得るものだったといえる。陸上の飛行場から発着する多発の爆撃・雷撃機というだけなら、もともと存在しているが、それを「敵艦隊にぶつける空の艦隊」として運用するところからすると、海軍の空軍化とは「運用型ゲームチェンジャ

軍縮条約で海上戦力に枷をはめられた日本が空中艦隊として開発した三菱一式陸上攻撃機。運用型ゲームチェンジャーになりうる存在だった（雑誌「丸」）

ー」に分類できる、ともいえる。

ところが最大の誤算は、アメリカを敵に回してしまったことであろう。艦艇と比べると、航空機は消耗品という色彩が強い。そこで、工業力（生産能力と技術水準の両面において）で日本を遙かに上回るアメリカを相手にすれば、墜としても墜としても、相手がどんどん補充を持ってくるということになってしまうし、実際にそうなった。

また、日本海軍の陸上攻撃機はタフネスに問題があった。近年、「一式陸攻はいわれているほどヤワではなかった」との論考もあるが、米軍の爆撃機並みにタフだったかといえば疑問が残る。理屈はどうあれ、実戦で多数が撃墜されたという事実は残る。

すると結局、このことも「消耗品」の度を増して、「持って行っても持って行っても墜とされる」結果につながるし、実際、そうなった。本当にタフな機体だったら、米陸軍航空軍・第8航空軍がB－17でやったように、昼間攻撃を強行し続ける選択肢もあったのではないか。それができなかったこと自体、脆弱な部分があったことの傍証になっている。

このことから分かるのは、「ゲームチェンジャー」は相手が容易にキャッチアップできないものの方が好ましい、ということなのだ。新しいルールでゲームを始めてみたら、実はそれは相手がさらに上手にやれるルールでした、という結果になったのでは目も当てられない。

第二次世界大戦中の似たような事例として、ドイツ陸軍の機甲師団がある。戦車の集中配備と、機械化部隊による機動戦という概念を最初に定着させて実戦で威力を発揮したのは、確かにドイツ陸軍であった。ところが、産業能力の問題もあり、陸軍戦力の完全な機械化は実現できなかった。その点、T－34を大量生産したソ連陸軍、あるいはM４を大量生産するとともにトラックなども組み合わせて機械化部隊の総合力を上げてきたアメリカ陸軍の方が、ドイツ以上に「うまくやった」部分がある。もちろん、戦車単体の能力ではドイツの方が上を行っていた部分はあるが、それだけですべてが決まるわけではない。

戦車と機動戦

鉄道やトラックによる輸送は、戦闘を始める前の段階で登場するものだが、戦闘を始めた後の移動手段はどうか。こちらもやはり、人間が自分の足で歩くところから始まり、馬に乗った騎兵、さらには馬に引かせる二輪戦車（チャリオット）といったものが出現した。ことに二輪戦車は、人の脚では追いつけないスピードで戦場を駆け巡ることができるから、機動力が大幅に向上する。また、運転と

富士総合火力演習で展示を行なう90式戦車。機動力と防御力と火力を併せ持つのが戦車の特徴だが、戦車だけで突撃すると痛い目に遭いかねない

交戦を別々の乗り手が受け持つことで、より効率的な戦闘を可能にしたといえる。

ただ、二輪戦車が効率良く走り回れるかどうかは、地形に依存する。その点、同じ戦車でも、鉄製の車体に履帯と内燃機関を組み合わせて作られた現代の戦車（タンク）は、わけが違う。

そもそもの発端が、第一次世界大戦において「塹壕を突破できる手段が欲しい」というところにあったのだから当然だが、車輪と比べると履帯は不整地に強い。しかも車体を鉄板で覆っているから、防御力がそれなりにある。そして小銃や機関銃どころか、もっと大口径の火砲を搭載できるので、打撃力もある。

つまり、現代の戦車は「突破力」「機動性」「打撃力」「防御力」を兼ね備えて陸戦のあり方に大きな変化をもたらしたので、まさにゲームチェンジャーの典型例といえる。しかも、戦車の出現は後々、「機械化部隊による機動戦」という戦闘形態の普及につながっている。最初のうちはそれが分からずに、戦車を歩兵に従属させていた国が多かったが。興味深いのは、戦車という新たな兵器体系の出現に対して、各国の軍人がとった態度である。冷淡な対応をとったり、威力を認めたとしても「とびきり上等の騎兵」止まりだったりした国がある一方で、戦車を中核とする、新たな機動戦力の編成を試みた国もあった。後知恵を承知でいってしまえば、どちらが正しかったかは一目瞭然である。もっとも、それが行き過ぎて「戦車だけで敵陣に乗り込んでいって大損害」なんて事例も生起したが、それはまた別の問題である。

戦車の遠い親戚といえるかもしれないが、前述した鉄道の出現は、「装甲列車」という新たな武器体系の出現につながった。機関車に貨車を連結して、その貨車に火砲を積み込むものであり、線路の上を移動するから機動性は優れている。ただし、鉄道車両である以上、線路が壊されると身動きがとれなくなる。あくまで「国土が広く、道路網が貧弱だが、鉄道網は充実している」という国でなければ、装甲列車に出番はないのだった。だから、これがゲームチェンジャーかと問われれば、否定的な答えにならざるを得ない。

ただし、鉄道の移動力に着目して「第一撃を避けやすい鉄道移動式弾道ミサイル」という武器体系の出現につながっている点を忘れてはならない。ゲームのルールを書き換えるというほどのものかどうかはともかく。

船用機関

船が戦闘に用いられるようになり、それが武装することで「軍艦」が出現した。ところが、当初の動力源はガレー船に代表されるような「人力」であった。この場合、航行の自由度は大きいが、速力はたいしたものにならないし、なによりも多数の人間を船に乗せて、養わなければならないという問題がついて回る。もちろん、人権意識などあってなきがごとしという時代のことだから、オールを漕ぐ人間は過酷な労働に従事させられたのだろうが、どんなに叱咤したところで、人力の限界は超えられない。

そこに「帆走」が登場した。風という自然現象を利用するから、船を動かすためだけに多数の人間を用意する必要はなくなるし、風の状況次第では、かなりの高速性を発揮できる。しかも、常に追い風でなければ航行できないというわけではない。つまり、航行の自由度が風向に影響されるかというと、そういうわけでもない。

とはいえ、風速の影響は大きく、無風だと身動きがとれなくなってしまう。帆船の出現が大航海時代に貢献したのは確かであろうが、結局、程度問題とはいえ「風任せ、お天気任せ」の部分は残る。そうした問題を解決して、「高速航行」と「航行の自由度」を実現するには、舶用(はくよう)機関の出現を待つ必要があった。それが、蒸気機関であり、内燃機関である。後に原子力機関や電気推進といった新顔も加わったが、いずれにしても「舶用機関の出現によって、行きたいときに行きたい方向に自由に移動できる手段を手に入れた」という本質は変わらない。

それが軍事作戦にどう影響するか。帆船であれば、彼我の艦隊が対峙したときに、どちらが風上側にいて、どちらが風下側にいるかが、航行のしやすさに影響する。もしも交戦の最中に風向きが変わるようなことがあれば、それが戦闘の帰趨に影響を及ぼす事態も起こり得ただろう。

しかし舶用機関を備えていれば、そうした外的な影響を排除して、（機関の性能が許す範囲内でのことだが）自由に航行できる。つまり舶用機関の出現は、海戦における戦術的な自由度を高める方向につながったといえるのではないか。舶用機関をゲームチェンジャーとみなしたのは、そういう理由である。

ただし、舶用機関を動かし続けるには、燃料の補給という課題が不可避である。すると、石油や石炭といった燃料の入手（これはすなわち、資源争奪戦につながる要素である）、入手した燃料の加工・精製（これは科学技術と工業の問題である）、用意した燃料の輸送と補給（これは科学技術と兵站業務管理の問題）、といった具合に、新たな課題が出来することになった。

こうした要素は、戦術レベルの問題もあれば、戦略レベルの問題もあるが、いずれにしても「軍艦が舶用機関によって動くようになったため、今度は舶用機関を動かし続けるための新たな課題の出現につながった」という共通点がある点は指摘しておきたい。つまり、直接的な部分だけでなく間接的な部分でも、舶用機関の出現は戦闘あるいは戦争の様態に影響したのである。

原子力機関も、日常的な燃料の補給こそ必要としないものの、ウラン鉱石の入手と加工、炉心交換を安全に行なうノウハウ、発生した使用済み核燃料の管理と処分、といった課題がついて回る。だから、燃料に関わる問題とまったく無縁ではない。

指向性エネルギー兵器

ここでいう指向性エネルギー兵器（ＤＥＷ：Directed Energy Weapon）とは、以下のものを指す。

・レーザー兵器
・高出力マイクロ波（ＨＰＭ：High Power Microwave）兵器

レーザーには、レーザー媒質の違いにより、化学レーザー、ガスレーザー、半導体レーザー、自由電子レーザーなど多様な種類がある。ただし、化学薬品を使用する化学レーザー兵器は一部の試作品を除いて実用化に向けた動きが沙汰止みになっているため、ここでは対象外とする。化学レーザーが軍用として用いられなくなった背景には、化学薬品の扱いが面倒であるとか、使用する度に有毒ガスが出るとかいった事情がある。

目下の主役は、電力さえ供給すれば使用できる半導体レーザーといえる。マイクロ波兵器も、電力さえ供給すれば使用できるという点では共通性がある。つまりいずれも、物理的な「弾」を装填して発射するわけではないので、電力さえ供給できれば「弾切れ」の心配が要らない。これは、破壊の道具としては画期的なポイントといえる。

なぜなら、銃弾・砲弾にしろミサイルにしろ爆弾にしろ、物理的な「弾」があり、どれだけ交戦を継続できるかは、その「弾」の在庫次第だった。弾の在庫が切れれば、後方から補充しなければならない。つまり兵站上の問題が大きく影響する。

ところが、電力さえ供給すれば連続使用が可能なレーザー兵器やマイクロ波兵器は、電源供給手段となる燃料の供給が滞らず、かつ、使用するデバイスが物理的な寿命を迎えない限り、連続して交戦できる。何かを補給しなければならないことに変わりはないが、燃料はどちらにしても必要になるのだから、「燃料と弾」の両方を補給するよりも、「燃料だけ」補給する方が負担軽減になるのは確かであろう。すると補給の様態に影響が及ぶから、ある意味、ゲームのルールを変えることにつながる。

もうひとつのポイントが、交戦の速度である。銃弾、砲弾、爆弾、ミサイルといったものは、程度の差はあれ、撃ってから目標のところに到達するまでに若干の時間を要する。相手が動かなければそれでも問題はないが、相手が動いている場合、現時点で相手がいる場所を狙って撃っても当たらない。相手の針路と速力、相手までの距離に基づいて、着弾のタイミングにおける未来位置を予測した上で、その未来位置を狙って撃たなければならない。射距離が遠くなるほどに、相手の移動速度が速くなるほどに、そして相手の動きがランダムになるほどに、命中させるのは難しくなる。

ところが、高速で交戦できるレーザー兵器やマイクロ波兵器は、こうした「見越し角射撃」の問題が生じない。どちらも秒速30万kmの速度があるから、事実上は撃った瞬間に着弾すると考えてよい。すると、相手がいる場所を狙って撃てば命中する。これは射撃管制の革命である。

ただし、特にビームが細いレーザー兵器の場合、相手がいる場所を正確に狙うという新たな課題が生じる。また、レーザー・ビームは大気中の水蒸気や塵などが原因で散乱・減衰する難点がある。現時点では、大出力のレーザー・ビームを発生させられる半導体レーザー・デバイスがないことと相まって、一瞬で破壊できるというわけにはいかず、連続的な照射を必要とするのが現状である。すると、動いている目標が相手の場合、その動いている目標を追い続けなければならないため、「射撃管制の革命」は未達といえる。

とはいえ、大出力のレーザー・ビームを発生させられるようになれば、この問題は解消するか、せめて緩和されるのではないかと期待できる。そうなれば交戦のやり方に変化が生じる可能性はある。また、大電力を連続的に供給する手段が必要になることから、プラットフォーム（車両、艦艇、航空機など）の設計にも影響を及ぼす。

さらに、防御手段の分野でも変化が生じるだろう。相手が光速で飛んできて、しかもミサイルみたいに誘導制御機構を内蔵しているわけでもないから、妨害や欺瞞によってかわすわけには行かない。別の方法でかわすか、ビームを無力化するか、という話になるはずだ。こちらの分野でもゲームのルールが変わる可能性がある。

対艦ミサイル

第4章で取り上げた巡航ミサイルと技術的な共通性が高く、こちらもゲームチェンジャーとして戦場の様相に大きな影響を及ぼしたウェポンが、対艦ミサイルであろう。

対艦ミサイルの脅威を広く認識させるきっかけになった出来事が、第三次中東戦争の最中に発生したエイラート事件（1967年10月21日）であることは論を待たない。イスラエル海軍の駆逐艦「エイラート」がポートサイドの沖合洋上で、エジプト海軍のコマール型ミサイル艇が発射したP-15（SS-N-2スティクス）対艦ミサイルによって撃沈された事件である。

対艦戦闘の主兵装が砲熕兵器だった時代には、砲の口径が大きく、弾が重いほど、威力が大きい上に射程距離も長いという一般的傾向があった。したがって、駆逐艦よりも軽巡洋艦、軽巡洋艦よりも重巡洋艦、重巡洋艦よりも戦艦（巡洋戦艦を含む）の方が大きな打撃力を発揮できる、という公式ができた。

ただし、対艦攻撃兵装としては魚雷もあった。砲熕兵器と異なり、水中を駛走することから、命中すると水線下に直接、ダメージを与えることができる。特に磁気信管の登場によって、船体への直撃だけでなく、船体直下で炸薬を爆発させて、船体をへし折る効果を発揮させられるようになった点は無視できない。

しかし、魚雷は速力が遅く、有効性を発揮できる射程距離も戦艦の主砲よりは短い。たとえば、駛走速度40ノットの魚雷が20浬先の目標のところに到達するまでには、30分もかかってしまう。戦艦の主砲弾なら数十秒で済む距離だ。到達までに時間がかかるということは、その間に目標が移動できる距離が長くなり、外れ弾になる可能性が高くなるということである。

そして、砲弾にしろ魚雷にしろ、第二次世界大戦当時には誘導能力の欠如という問題があった。数十秒あるいは数十分も先に、目標がどこにいるかを推測して、そこに向けて撃ち込まなければ命中しない。それではいくらなんでも確率が低すぎるので、同時に複数の弾や魚雷を撃ち込む射法が一般的

米国立航空宇宙博物館で展示されている、P-15（SS-N-2スティクス）艦対艦ミサイル。この写真だけ見るとピンと来ないが、実物はかなり大きい

になっていた。

対艦ミサイルは、こうした問題を解決する。飛翔速度は亜音速または超音速だから、数十浬程度の距離なら数分間で飛翔してしまう。しかも誘導装置を備えているから、命中の確率は砲弾や魚雷より高い。ただし、破壊力という面では見劣りする一面がある。弾頭重量が小さいのに加えて、速度が遅い関係で運動エネルギーが少なくなるためである。

ただし、それだけで対艦ミサイルがゲームチェンジャーになるわけではない。重要なのは、小型艦艇でも搭載できる点である。実際、「エイラート」を撃沈したコマール型ミサイル艇は、満載排水量66・5tしかない小型艇だ。それでもP－15を2発搭載できた。もっと大型のオーサ型なら、同じP－15を4発搭載できる。

つまり、対艦ミサイルの出現は「大きな艦は強い艦」という公式を破壊して、小型のミサイル艇であっても、決して無視できない対艦打撃力を与えたわけで、そこが本書でゲームチェンジャーとみなした所以である。

ただ、Ｐ－15は初期の有翼ミサイルであり、ガタイが大きく、その割に飛翔速度は速くなかった。つまり、見つかりやすく、迎撃されやすい。その問題を解決するには、誘導制御用の電子機器、弾頭、推進手段となるエンジンを小型化するとともに海面スレスレの低空飛行を可能にした、いわゆるシースキマー型の対艦ミサイルが登場する必要があった。

シースキマー型の対艦ミサイルが威力を実証した最初の事例が、フォークランド紛争（１９８２年）において、英駆逐艦「シェフィールド」がＡＭ39エグゾセ空対艦ミサイルによって撃沈された事例であったことは論を待たない。発射に使われたプラットフォームは、シュペル・エタンダール艦上攻撃機である（ただし陸上基地からの発進）。

対艦ミサイルの小型化は、小型のミサイル艇だけでなく、小型の航空機に対艦ミサイルを搭載する道を拓いた。初期の大型有翼対艦ミサイルはガタイが大きく、重かったから、水上艦か、さもなくば爆撃機でなければ搭載できなかった。しかし、シースキマー型の対艦ミサイルは小型化されたため、水上艦であれば1隻あたりの搭載数を増やせるし、航空機であれば戦闘機や攻撃機でも搭載可能になる。

そして爆撃機であれ戦闘機であれ、対艦ミサイルを搭載すれば、敵艦に肉薄して、魚雷や爆弾を放つ必要はなくなる。離れた場所からレーダーで敵艦を捕捉して、対艦ミサイルを発射したら、あとは反転して三十六計を決め込めば良い。つまり、コンパクトな空対艦ミサイルの出現は、対艦攻撃ミッ

海上自衛隊の「はやぶさ」型ミサイル艇。対艦ミサイルの搭載数は護衛艦の半分だが、ミサイルそのものの威力は同じ

対艦ミサイルの登場により、小型のミサイル艇でも強力な打撃力を発揮できるようになったが、ミサイル搭載数が限られるとか、荒天時の航洋性に制約があるとかいう難点は、フネが小さい以上はどうにもならない

ションの様態を変えて、さらに対艦攻撃を迎え撃つ側の任務もがらりと変えてしまった。

対艦攻撃の手段が事実上、対艦ミサイルに収斂したため、水上戦闘艦が行なう対空戦（ＡＡＷ）も、航空機を相手にするものではなく、対艦ミサイルを撃ち落とすという形になった。航空機を相手にする対空戦は、対艦ミサイルを発射する前の敵機を遠方で撃ち落とす、アメリカ海軍でいうところのアウター・ディフェンス・ゾーンに限られてしまっている。

つまり、攻撃する側だけでなく、それを迎え撃つ側にとっても、対艦ミサイルはゲームチェンジャーとして機能したことになる。

暗視装置

広義の電磁波という話になると、電波兵器だけでなく、赤外線センサや紫外線センサーの活用、電子光学センサーの出現による可視光線映像の有用性拡大、といった変化も生じている。特に赤外線センサーの活用は、夜間行動能力の拡大と戦闘のフルタイム化という変化につながっている。

従来なら「視界が効かないから夜間は戦闘を手控える」だったのが、「視界が効くようになったから夜間に戦闘を仕掛けて優位性を高める」という考え方になったのだから、これまたゲームのルールが変わる結果になっている。

人間の目玉は、可視光線を捉えるようにできている。電磁波の対象範囲ははるかに広く、いわゆる電波はもちろんのこと、赤外線や紫外線も含むのだが、これらは目視することはできない。したがって、目玉を頼りに状況を認識しようとすると、可視光線映像を得られる場面に限られてしまう。ひらたくいえば、可視光線の光源がある昼間でなければダメということになる。

だから、大昔の戦闘は明るいときに限定されていた。時代が下って飛行機が戦場を飛び交うようになっても、わざわざ別途「夜間戦闘機」というものを用意しなければならないのは、人間の目玉に頼る限り、昼間しか交戦できないからである。夜間戦闘機はその問題を解決するために、レーダーを搭載していた。

可視光線に頼ることに起因する、視界と状況認識の問題を解決するには、探照灯に代表されるような、可視光線の光源を自前で用意してやる必要がある。しかしそうすると「闇夜に提灯」、こちらが交戦を企てて捜索を行なっていることは、敵側にも容易に感づかれてしまう。第一、地上や洋上の交戦ならともかく、空を飛んでいる飛行機同士が探照灯で相手を捜索するのは、ちょっと無理がある。

その問題を解決するのが、暗視装置ということになる。御存じの通り、微量の光を取り入れて増幅する「光増式暗視装置」と、赤外線を捕捉して赤外線映像として表示する「赤外線暗視装置」があり、近年では両者の映像を重畳表示するものも出てきている。

その暗視装置が出現して、まず車両や艦艇や航空機といったプラットフォームに載った。その後、技術の進歩によって機器が小型化されて、個人携行できるものが出現した。その結果として、車両も艦艇も航空機も個人も、夜間の交戦が可能ということになった。もちろん、暗視装置で得られる映像の品質は可視光線映像と比べると見劣りするが、何もないよりはマシである。

こうなると「闇討ちとは卑怯なり」なんてことはいっていられないし、暗視装置を持っている側は、暗視装置を持っていない側に対して戦術的な優位を確保できる。もちろん、暗視装置を持っている者同士でも、その暗視装置の性能差は状況認識の優劣に直結する。「見えない者」よりも「見えている者」の方が、「うすぼんやりと見えている者」よりも「明瞭に見えている者」の方が、立場が強い。

それを可視光線や赤外線ではなく電波で行なおうとしたのが前述の電波兵器、すなわちレーダーだが、そういう画期的な手段が出てくれば当然、対抗手段を講じようとする人は出てくるものである。

対レーダー・ステルス技術

ロッキード・スカンクワークスが生み出したステルス技術実証機「ハブ・ブルー」と、それに続いて「シニア・トレンド」計画の下で生み出されたF－117Aナイトホークを嚆矢とする各種のステルス機は、ゲームチェンジャーの典型例といえる。「ワルシャワ条約機構軍が構築している、濃密な防空網」という具体的な脅威に対して、「レーダー反射断面積（RCS）の低減による状況認識の阻害」という、従来にない考え方を本格的に持ち込んだためである。

また、飛行機の設計という面でも「ハブ・ブルー」やF－117Aはゲームチェンジャーだった。なぜかといえば、空力、操縦性、飛行性能といった指標を優先してきた、それまでのメソッドをひっくり返して、「まずRCSを局限した機体を作る」というメソッドを持ち込んだからである。飛行機を設計する際のプライオリティが変わってしまったのだ。

ただし、対レーダー・ステルス技術を適用した航空機は、「新アイテム型ゲームチェンジャー」ではなく「運用型ゲームチェンジャー」に分類されると考えている。それは、対レーダー・ステルス技術を実現するための設計手法にポイントがあるからだ。

レーダーの基本原理は今も昔も変わっていない。電波（電磁波）に関する物理法則が変わっていないのだから当然である。したがって、レーダーによる探知を困難にするにはどうすれば良いか、というところも変わってはいない。反射波を逸らしたり、反射波を減衰させたりして、とにかく発信源のところに反射波を戻さないようにする、というのがそれである。

それを形状の工夫によって実現しようとすると、さまざまな形状案を出しては比較検討する作業が必要になる。ロッキードSR－71（A－12）の時代には、それをいちいち模型を作っては電波暗室に入れて試行錯誤していた。ところがXST計画の下で作られた「ハブ・ブルー」では、RCSの低減を図る際に、コンピュータ解析を導入した。そのベースとなったのはソ連の物理学者、ピョートル・ユフィムツェフが書いた論文「回折理論による鋭角面の電波の解析」である。これをなぜかアメリカ空軍の外国資料部が英訳して、それをロッキード社の技術者、デニス・オーバーホルザー氏が見つけ出した。

ユフィムツェフ論文のベースになっているのは、それより1世紀ほど前にイギリスの物理学者ジェームズ・C・マクスウェルが導き出して、ドイツの電磁物理学者アーノルド・J・ゾマーフェルドが改良した公式である。つまり、公式そのものは以前からあったものだ。ポイントは、その公式を使って「特定の形状を持つ物体に電波が当たったときに発生する反射率を計算する」という形で応用した点にある。これはまさに「すでに存在した技術を、それまで誰も思いつかなかったアイデアに応用したもの」だから、典型的な運用型ゲームチェンジャーなのだ。

ただ、ＲＣＳ低減に最適化した形状のままではまともに飛べる飛行機にならないが、それは飛行制御コンピュータとフライ・バイ・ワイヤ（ＦＢＷ）によって解決した。そして、角張った形状になったせいで空気抵抗が増えた点は仕方がないものだと割り切った。速度や機動性ではなく、ステルス性を恃んで身を護るという考え方だからである。

それによってもたらされたものは何か。それは、「敵の状況認識を阻害する」という考え方である。

対レーダー・ステルス技術の登場以前から、低空を飛んだり、山などの地形に紛れて飛んだりすることで、敵のレーダーに探知される可能性を低くしようとする手法は存在した。しかしそれは、地面との意図せざる接触（いわゆる墜落）のリスク増大と引き換えである。しかもジェット機は、低空を飛行すると燃費が悪い。

しかし、対レーダー・ステルス技術を適用した軍用機は、燃費が良い高高度を、地面との意図せざる接触を心配せずに飛行することができる。飛行高度が高くなれば、対空砲に撃たれる危険性も回避できる。そして敵の状況認識を妨げることで、不意打ちを仕掛ける可能性を高めることにつながる。

湾岸戦争（１９９１年１～３月）におけるＦ－１１７Ａナイトホークは、敵側から見ると「レーダー・スコープには何も映っていないのに、いきなり頭上からレーザー誘導爆弾（ＬＧＢ：Laser Guided Bomb）を降らせてくる」という存在であった。それまでであれば、「対空捜索レーダーを作動させていれば敵機の侵入を察知できるから、その情報に基づいて地対空ミサイルや対空砲で迎え撃つことで攻撃を防ぐ」という手法が成立した。だが、敵機の侵入を察知できなければ、そのやり方は

初の実用ステルス機、F-117Aナイトホーク。レーダー被探知の可能性を減らすことで敵の状況認識を妨げて、不意打ちを仕掛けると共に生残性を高めている(USAF)

画餅と化す。状況認識を妨げることでゲームのルールを変えるというのは、そういうことである。

そうやって「従来にないメソッドで、従来にない概念の戦闘機」を生み出したことは、実は戦闘機の開発だけでなく、戦闘機を売るビジネスにおけるゲームチェンジャーでもあった。なぜかというと、F－117Aが湾岸戦争で大活躍したことで「ステルス性は必須」という認識が定着して、他社も他国も後を追うことになったからだ。対レーダー・ステルス性を備えていない機体は時代遅れ、という認識が定着すれば、対レーダー・ステルス技術を適用していない機体しか持たないメーカーは、いっぺんに分が悪くなる。

ただし「矛と盾」の故事通り、ステルス技術ができれば、次はカウンター・ステルス技術の出番になる。結果として、カウンター・ステルス技術の開発に拍車がかかることになり、そういう方向性を生み出したという点でもゲームチェンジャーであった。

コンピュータとデジタル・データ通信

コンピュータは「電子計算機」と呼ばれるとおり、それまで手作業で、あるいは機械式計算機で行なっていた計算処理を、電子的に実行する機材である。もちろん、より迅速な計算処理が可能になるし、デジタル・コンピュータではソフトウェアの変更によってさまざまな用途に対応できるようになった利点もある。とはいえ本質的には、「それまで行なっていた作業を、より効率的にしたもの」といえる。それだけでは、ゲームチェンジャーとはいえない。

しかし、コンピュータ同士のデジタル・データ通信を加えると、事情は違ってくる。

射撃管制や情報処理を担当するコンピュータは、当初は艦艇や航空機といった個別のプラットフォームごとに搭載して、個別のプラットフォームごとに完結していた。

しかし、デジタル・データ通信を組み合わせることで、プラットフォーム間のデータ通信が可能になる。それはすなわち、リアルタイムないしはそれに近い情報共有を可能にすることにつながる。デジタル・データ通信によるコンピュータ同士の情報共有事例としては、米海軍のＮＴＤＳ（Naval Tactical Data System）や、その後継となる各種システムがある。艦艇同士だけでなく、航空機も交えた情報共有が可能になっている。その情報共有を迅速化・高精度化することで実現したのが、共同交戦能力（ＣＥＣ：Cooperative Engagement Capability）である。

口頭のやりとりを行ない、頭の中で情報を組み立てるのと比較すると、情報伝達速度の面でも情報処理の面でも飛躍的な進歩になる。すると、指揮官の仕事は「入ってきたデータや報告に基づいて状況を頭の中で組み立てること」から「コンピュータとデータ通信網によって組み立てられた状況に基づいて、最善の作戦を組み立てること」にシフトする。

さらに発展すると、あるプラットフォームから別のプラットフォームに対して交戦を指令するような形態も実現可能になる。情報共有だけでなく、交戦の共有にまで話を進めたシステムの一例が、ＮＩＦＣ－ＣＡ ＦＴＳ（Naval Integrated Fire Control Counter Air From The Sea）といえるのではないか。

イージス艦の表芸はＳＭ－２艦対空ミサイルによる対空同時多目標交戦だが、探知・追尾からミサイルの発射・誘導まで、基本的には1隻で完結している。ところがＮＩＦＣ－ＣＡ ＦＴＳでは、探知はＥ－２Ｄ早期警戒機による遠距離探知からスタートするし、交戦でもイージス艦が発射するＳＭ－６艦対空ミサイルを最後までイージス艦が管制するわけではない。途中からＥ－２Ｄが引き継ぎ、最後はミサイル自体が自律的に対処することで、イージス艦がカバーできない水平線以遠での交戦が可能になる。ネットワークの威力である。

こうなってくると、従来は存在しなかった、あるいは実現できなかった交戦の形態が現実のものになる。つまり、複数のプラットフォームが相互に連携して、あたかも一体のものであるかのように交戦することで、カバー範囲を広げることができる。

こうした「ネットワーク化した交戦」は、現在もまだ発展途上だから、今後、新たな交戦のモデルが登場する可能性もある。そうなってくると、コンピュータとデジタル・データ通信の組み合わせはレッキとしたゲームチェンジャーである、ということになる。ただ、国家戦略をひっくり返すようなインパクトかというと、疑問が残る。そこで「戦術レベルの革新」に分類した次第である。

各種の保存食

軍事の業界には、「腹が減っては戦はできぬ」とか「軍隊は胃袋で行進する」とかいう格言がある。戦時だろうが平時だろうが、人間がいれば1日3度の食事は必要だが、戦時の場合、頭数が多い上に、どこからどうやって調達するかという問題が生じる。

昔なら「現地徴発」だが、通り過ぎてしまう土地で「後は野となれ山となれ」ならいざ知らず、長期にわたって陣取ることになると、強引な現地徴発で地元との関係を悪化させるのは、好ましい手ではない。それに、現地で必要な分量を必要な期間にわたって徴発できる、という保証もない。

では、本国ないしは根拠地で必要な糧食を用意して、それを持ち歩く方法はどうか。それができれば理想的だが、持ち歩いている間に糧食が傷んで、食べられなくなってしまうという問題がある。乾物を初めとする各種の保存食は、昔からいろいろ考案されているが、保存食にばかり頼っていれば、今度は兵士の士気や健康に影響する。

この「できるだけ日常に近い状態の食べ物を、長期保存が可能な状態で持ち歩く」という課題を解決したのが、瓶詰、缶詰、そしてレトルト食品である。

よく知られているように、最初に登場したのは瓶詰で、ナポレオンの時代のフランスが発祥の地。考え出したのは、ニコラ・アペールという名前の醸造業者だったという。加熱殺菌した食料品を瓶に詰めて密封すれば、長期保存が可能になるというわけだ。ただし瓶詰には、「瓶が割れやすい」という致命的な問題があった。道路事情が良くないところで荷車に乗せて輸送すれば、途中で瓶が割れてしまって貴重な中身が失われる場面もあっただろう。

そこで今度はイギリスで、ピーター・デュランドという卸商人が缶詰を考案した。加熱殺菌した食料品を、瓶ではなくブリキ製の容器に入れるという方法である。これが缶詰で、「ブリキ製キャニスター」という当初の名称が、缶を意味する「can」という英単語の語源にもなっている。ただの鉄製のキャニスターでは、食料品に含まれる水分などによって腐食してしまうが、表面を錫でメッキすることで、この問題を解決した。

缶詰は第一次世界大戦からベトナム戦争の頃まで、戦地における食料品携行手段の主力であり続けた。なにしろ、瓶詰と比べれば軽くて丈夫だし、保存性にも優れている。ただ、欠点を挙げるとすれば、場所をとることだろうか。箱に入れて車両に積んで運ぶ分には良いが、個人携行するには具合が良くない。

そこに登場したのが、アメリカ陸軍が考案したレトルトパウチ食品だった。加熱殺菌した食料品を密封保存するところは瓶詰や缶詰と変わらないが、ポリプロピレンやポリエステルといった樹脂を使い、内側にアルミ箔の積層加工（ラミネート加工）を施した容器を使用する点が違う。これなら缶詰

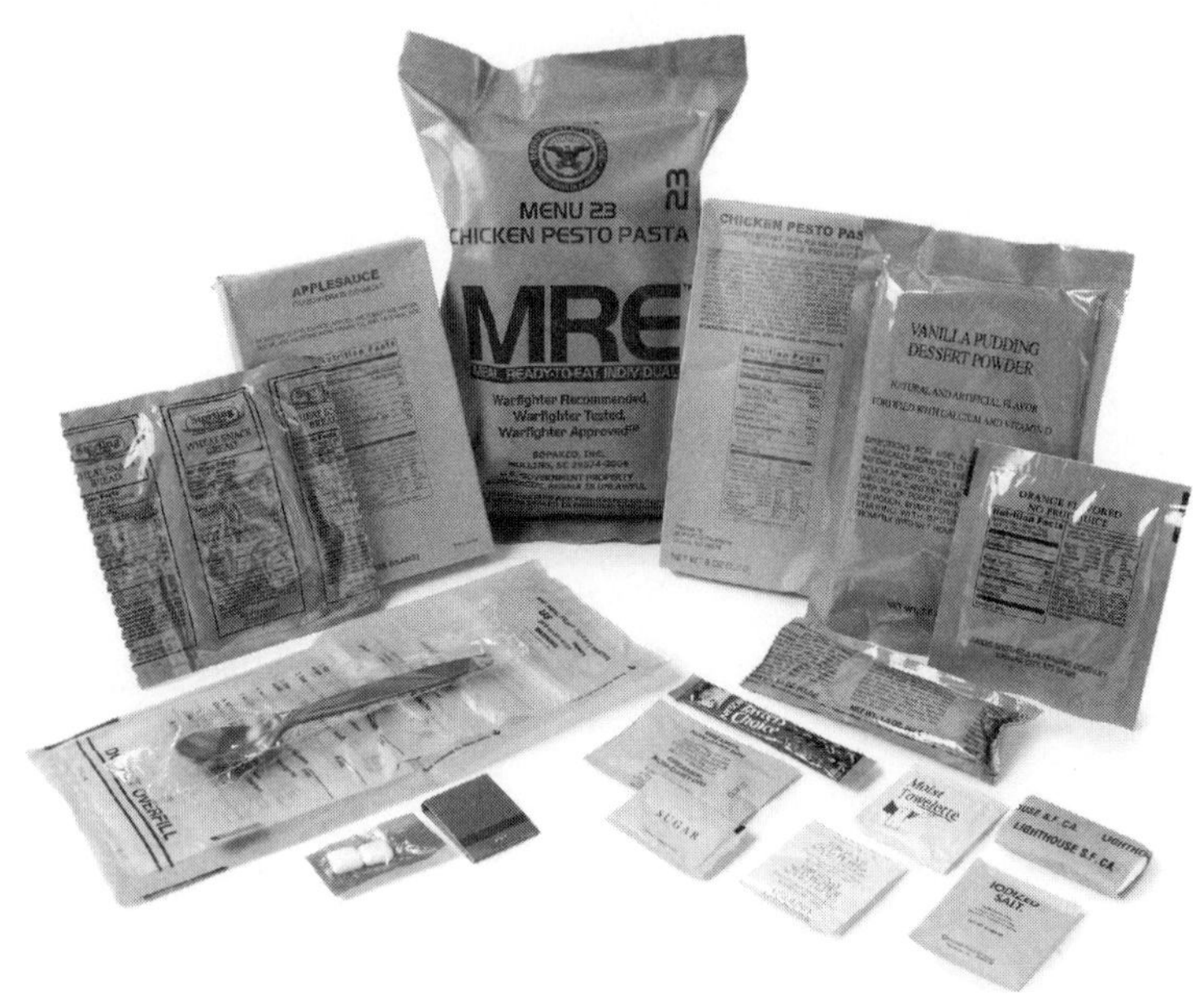

米軍における戦闘糧食の主役、MRE(Meals Ready-to-Eat)。味については毀誉褒貶が入り乱れているが、補給支援のあり方に、この種のレトルトパウチ食品が大きな影響を及ぼしたのは間違いない(US Army)

と比べると軽いし、角形あるいは円筒形の缶詰と比べると薄く、携行性に優れる。

　レトルトパウチ食品の難点は、缶詰と比べると長期保存に向かない点と、直火で温められない点が挙げられる。容器自体の耐久性も劣るが、その代わり、缶切りがなくても銃剣で開けられるというメリットにもつながる。

　では、こうした食品保存がどうしてゲームチェンジャーなのか。それは、前述したような「食料品の長期保存」という問題を解決した点にある。比較的、長期保存能力に劣るレトルトパウチ食品でも1年かそこらは保つし、缶詰なら数年間は平気だ。しかも、乾物と違って食べやすいし、多様なメニューに対応できる。直火で温めたり、お湯に入れて温めたりすれば、一応は温食として提供できる。

根拠地から最前線まで運ぶ手間は依然として必要になるものの、現地徴発につきものの不確実性や現地との関係悪化という問題は避けられる。それに、輸送する糧食の品質が安定するから、兵士の健康管理という面からいっても具合が良い（現地徴発したものが原因でお腹をこわす、という場面がまったく存在しなかったわけではなかろう）。

つまり、安定した補給の実現だけでなく、戦力維持という観点からいっても、瓶詰、缶詰、レトルトパウチ食品は革命的であり、兵站業務のあり方に大きな影響をもたらした。だから、ゲームチェンジャーと呼ぶにふさわしいと考えた次第である。

F-35戦闘機

F-35を「ゲームチェンジャー」と呼ぶ人は少なくない。だが、「状況認識能力の優越」という本質を理解して、それを強みとして発揮できる戦術をを考えるところまで踏み込まなければ、単なる新型戦闘機である。もしも、この機体で近接格闘戦の訓練ばかりやる空軍があれば、それこそ先が思いやられる

早期警戒機・AWACS

早期警戒機や空中警戒管制システム(AWACS)機は、上空からレーダーで空域を監視することで広い範囲をカバーするとともに、「神の目から見た景色」を提供してくれる。これは陸上・艦上のレーダーでは実現できない能力であり、航空戦に大きな影響をもたらしたゲームチェンジャーといえる。さらに、そこに管制機能を付け加えることで、「神の声」まで聞かせてくれるようになった

ヘリコプター

いまでは当たり前の存在になりすぎて意識されていないが、ヘリコプターの登場によって初めて可能になった任務はいろいろある。ことに、本格的な空母がなくても水上戦闘艦が空から潜水艦狩りを行なえるようになったことの意義は大きい

ヘリコプターの登場により、兵員を空から遠隔地に投入するヘリボーンが可能になった。ただしこれは、ゲームチェンジャーになり得る新規案件というよりも、パラシュート降下と同じことを、より確実に、という意味合いになるのではないか

イージス艦

イージス艦は、「画期的な防空艦」から「ミサイル防衛の資産」に版図を広げるとともに、その後の艦載戦闘システムに大きな影響を及ぼした存在。ただし、能力的な話だけでなく、開発・発展のアプローチにも注目したい。当初に直面した不具合を克服するとともに、継続的に改良を図っていることが重要である

空中給油

普通、飛行機の航続時間/航続距離は機内燃料搭載量によって制約されるが、空中給油を用いることで延長が可能になる。しかし、搭乗員の交替や搭載兵装の補充はできないから、艦艇の洋上補給と比べると、延長効果は限定的。しかし、本国から遠隔地への迅速な展開を可能にした点は、戦略的なインパクトにつながっているかも知れない

対戦車ミサイル

対艦ミサイルの出現により、小型艦艇でも大きな対艦打撃力を得た。それと同様のインパクトを陸上で引き起こしたのが対戦車ミサイルの出現で、写真のジャベリン対戦車ミサイルみたいに、個人携行が可能なものも多々ある。しかし、個人で対戦車ミサイルを持っていても、携行可能な弾数は限られるし、機動力や防御力では戦車に及ばない

レーザー兵器

米海軍が実艦に載せて試用したレーザー兵器、AN/SEQ-3 (XN-1) LaWS(Laser Weapon System)。出力30kW級で威力は限られるため、対処可能な相手は小艇やドローン程度と思われるが、光の速さで交戦できる武器が登場したことのインパクトは小さくない（US Navy）

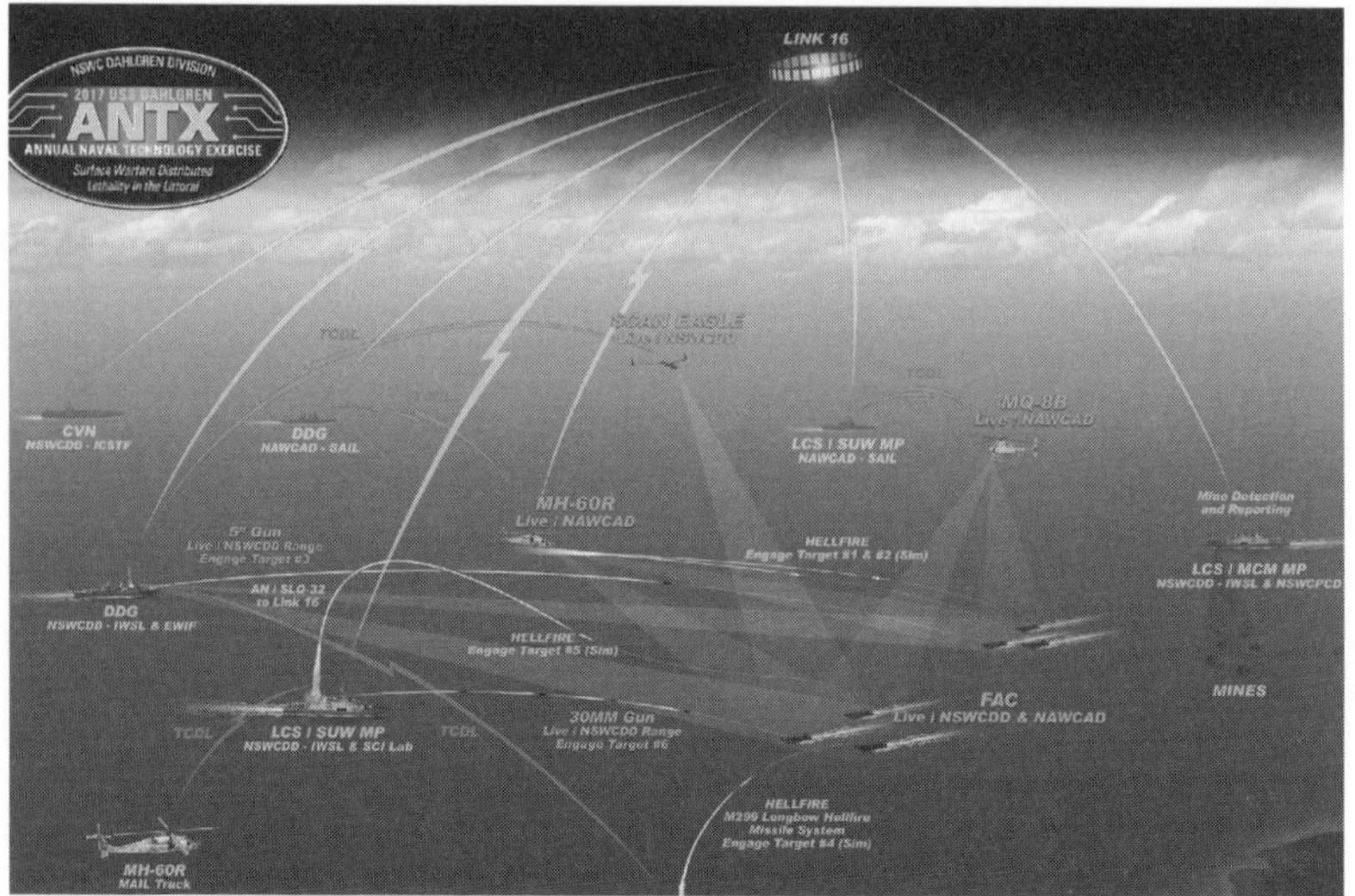

コンピュータ+デジタル・データ通信網

コンピュータとデジタル・データ通信網を組み合わせることで、複数のプラットフォーム（図では艦艇や航空機）が相互にデータや指令をやりとりしたり、情報を共有したりしながら一体となって交戦するスタイルが出現した。しかしそうなると、敵対勢力がコンピュータやデータ通信網の無力化を企てるのは当然の成り行き。一方にゲームチェンジャーが出現すれば、他方でそれの無力化や対抗手段の開発を図るのはお約束（US Navy）

弾道ミサイル

弾道ミサイルの始祖・V2号。これ自体は、戦局の帰趨に大きく影響することはなかったが、核兵器と弾道ミサイルの組み合わせによって究極の戦略兵器を生み出した。他の構成要素や周辺環境が整わなければ、ゲームのルールを変えるには至らなかった一例といえよう（雑誌「丸」）

航空母艦

航空母艦は、飛行場がない場所に航空戦力を投入する道を拓いたという点で、紛れもなくゲームチェンジャーである。ただし、第一線で通用する能力を備えた機体と人員を十分な数だけ確保できれば、という条件がつく。写真は真珠湾攻撃作戦時、空母「赤城」から見た空母「蒼龍」(雑誌「丸」)

同じように洋上から航空機を運用する手段としては、水上機や飛行艇もある。しかし、いずれも性能面で陸上機・艦上機と比べるとハンデがあることから、ゲームチェンジャーというには物足りない。威力を発揮できる分野は限定的だ。写真は日本海軍の二式水上戦闘機(雑誌「丸」)

第6章　これはゲームチェンジャーか？

最後に、「ゲームチェンジャーだと思われそうではあるけれど、実際にそうだろうか？」というくくりに該当しそうな一群について、考察してみたい。結論が「該当する」になったものもあれば「該当しない」になったものもある。

重爆撃機と戦略爆撃

「戦略」と「戦術」の境界を明快に説明するのは難しいが、ここでいう「戦略爆撃」とは、敵軍よりも敵国そのもの、都市や産業基盤などを主たる標的とする、空からの爆撃である、と定義する。

イタリアのジュリオ・ドゥーエが、著書『制空』（Il dominio dell'aria）の中で、政略的・戦略的な要地を対象とする攻撃を重視する考え方を示した。攻勢的な航空作戦を実施することで、決定的な破壊を実現できるような攻撃を行ない、敵国を物心両面から破壊して勝利につなげる、という考え方であ

第二次世界大戦中に、ドイツで連日のように爆撃を実施した米陸軍航空軍のB-17爆撃機。しかし、爆撃だけでドイツが屈服したわけでもない（USAF）

る。

その背景には、「敵国に対する物心両面からの破壊が結果として、民衆が自己保存本能によって戦争の終結を求めるようになる」という考えがあったようだ。

しかし、大々的な戦略爆撃が行なわれた第二次世界大戦において、結果はどうだっただろうか。少なくとも、戦略爆撃「だけ」で敵国が戦争行為の継続を諦めて白旗を掲げた事例はなかったのではないか。

緒戦で自国の主要都市などが爆撃を受けたイギリスはいうに及ばず、ドイツも、最終的に「手を挙げた」のは自国の大半が占領された後のことである。

日本は自国に敵軍が上陸してくる前に白旗を掲げたが、都市部に対する爆撃だけでなく、海上交通の寸断に起因する継戦能力の喪失、陸海軍の戦闘能力減退、そして原子爆弾の投下というダメ押しが大きく影響しており、戦略爆撃「だけで」敗戦に至ったとみるのは無理がある。

その後に生じた数多の戦争・紛争を見ても、航空戦だけでケリがついた事例が、どれだけあっただろうか。たいていの場合、最後は地上軍を送り込んで地べたを占領しないと終わらないのである。航空戦力、あるいは航空戦は、戦争に勝利するために必須の要件ではあるが、それだけで戦争に勝利できるものでもない。つまり必要条件だが十分条件ではない、というのが実情であろう。

ジュリオ・ドゥーエにしろ、ジミー・ドゥリットルにしろ、戦争における航空機の有用性を早い時期から認識・予見していた点は評価されるべきだ。航空機、あるいは航空戦がゲームチェンジャーになり得るポテンシャルを有していることを、早くから察していたからだ。そして戦術・作戦レベルでは、前述したように航空機は間違いなくゲームチェンジャーとして機能している。

ただし、その認識に対して熱くなり、こだわった結果として、いわば航空戦至上主義とでもいうべき方向に行ってしまったのは、残念なところではないだろうか。この辺の話はゲームチェンジャーを考えるときに重要なので、後で項を改めて考察してみる。

生物化学兵器

少なくとも、最初に戦場に持ち込んだ当事者は「これはゲームチェンジャーになる」と思っていたのではないか。そんな事例のひとつが、毒ガスに代表される化学兵器である。

その毒ガスが本格的に戦場に持ち込まれたのは、第一次世界大戦のこと。双方の陣営が塹壕を掘って対峙する状況になったが、そこで敵陣に強引に突撃してカタをつけようとすると機関銃や火砲によって大きな犠牲を強いられる。しかも、犠牲が大きいにもかかわらず、結果が出ない。そんな状況を打破しようとして、塹壕に潜んだ敵兵でも殺傷できる手段として毒ガスに期待をかけた、という流れになろうか。

実際、毒ガスを使用することで敵軍に大きな犠牲を生じさせることはできた。しかし、手の内が知れれば相手側も同じものを使ってやり返してくるし、防護装備の研究開発も進む。結局、使う道具が変わっただけで、膠着状態に陥るのは同じということになってしまったとはいえまいか。相手が防護態勢を整えていれば、化学兵器を使用しても効果が上がらない。つまり「これを使えばこれだけの効果を期待できる」という読みが難しいわけで、そういう兵器は使いにくい。

しかも、当初に大きな威力を発揮したものの、その残虐性ゆえに人道的見地からの反発に直面して、核兵器と同様に「使えない兵器」に落ち着いてしまった。

今でも、化学兵器を使用すれば敵軍を殲滅する役には立つかもしれないが、それは防護装備が不十分な敵軍、あるいは非戦闘員を相手にした場合に限られる。そのことは、チャド紛争、イラン・イラク戦争、今も続いているシリアの内戦、そして地下鉄サリン事件などで立証済みである。

しかし、国家の正規軍が敵軍に対して化学兵器を使用すれば、国際的な非難は免れ得ない（実際、シリア軍は自国民に対して化学兵器を使用したことで国際的な非難に直面した）。したがって、よしんば戦闘や戦争に勝つことはできたとしても、後でたっぷりとツケを払わされて終局的な負けにつながる可能性がある。

同じように大量破壊兵器に位置付けられる生物兵器にも、似たところがある。もっとも、今は生物兵器といえば細菌兵器のことだが、太古の昔の戦争で糞尿を投げつけ合っていたのも、一種の生物兵器であるといえるかもしれない。

ただ、生物兵器は化学兵器以上に、使用したときの効果が読みにくい性質がある。そのこともあってか、化学兵器よりも使用事例が少ないし、使用した結果として大きな威力を発揮した事例がどれだけあったか、と問われると答えに詰まる。そう考えると、生物兵器はそもそも、ゲームチェンジャーになり損なったどころか、ゲームチェンジャーとしての土俵に上がってすらいなかった、といえるかもしれない。

「大量破壊兵器」というと一般にＣＢＲＮ（Chemical, Biological, Radiological, Nuclear）、つまり化学兵器、生物兵器、核兵器がひとからげに扱われるものだが、実績や存在感という話になると、どうも生物兵器の旗色は良くない。もちろん、だからといって生物兵器を野放しにしておいてよいというものではないのだが。

高速ＶＴＯＬ機

革新的なウェポン・システムであることは論を待たないが、では「ゲームチェンジャーですか？」と訊かれると答えに困るのが、Ｖ－22オスプレイに代表されるような、高速での巡航飛行が可能なＶＴＯＬ（Vertical Take-Off and Landing）機ではないだろうか。

Ｖ－22オスプレイは、技術的には極めてエポックメーキングな存在だが、本質的には「ヘリコプタ

米空軍のCV-22オスプレイ。基本的にはヘリコプターと同じことができる機体だが、ヘリコプターよりも速く、ヘリコプターよりも航続距離が長い

ーでやっていたことを、より速く、より遠方から」という機体だ。つまり、使い道としては既存のゲームのルールの延長線上にある。ティルトローター機に代表されるパワードリフト機だけでなく、複合型ヘリコプターにも同じことがいえる。

実際、米海兵隊のMV－22Bは揚陸艦から海兵隊員を陸地に送り込むための機体だし、米空軍のCV－22Aは敵地に特殊作戦部隊を投入したり、敵地から特殊作戦部隊を回収したりするための機体。いずれも、従前からヘリコプターによって行なわれてきた任務である。

つまり、これは「仕様上の数字が向上しただけでは、ゲームチェンジャーとはいわない」ということである。同じやり方で任務を遂行するのに、より効率的に、あるいはより低リスクに任務を果たせるのは事実だが。

ただし、ここまで述べてきたのは、両用戦や特殊作戦に使用する「輸送機」として見た場合の話である。これまでは概念しか存在しておらず、既存のヘリコプターでは実現不可能だった作戦や任務が、パワードリフト機や複合型ヘリコプターの出現によって実現可能になった、となれば話は違ってくる。

V／STOL戦闘機

では、同じVTOL機でも、戦闘機はどうか。といっても、該当する機体はハリアーとシーハリアー、Yak－38フォージャー、そしてF－35Bしかない。実用化されたVTOL戦闘機が、この4機種しかないからだ。

これらの機体が登場したことで、「それまではなかった形態の空母」が実現した点に着目したい。つまりVTOL機が短距離離艦・垂直着艦を行なう、いわゆるV／STOL空母である。

V／STOL空母の出現以前は、空母といえばカタパルトと着艦拘束装置を使用するCTOL(Conventional Take-Off and Landing)空母しかなかった。第二次世界大戦の頃はまだしも、ジェット機の時代になると機体が大きく・重くなり、発着艦時の速度も上がる。すると、強力なカタパルトと着艦拘束装置、そして大きなサイズの飛行甲板が不可欠になる。目下のところ、CTOL空母として実用的なサイズの下限はフランス海軍の「シャルル・ドゴール」ということになるだろう。

ところが、前述したVTOL戦闘機の出現により、もっと小型のV／STOL空母が実現可能になった。もちろん、本格的なCTOL空母と比較すれば能力的には見劣りするのだが、それでも状況に

エアショーでホバリングを見せるF-35B。垂直離着陸（実際の運用は短距離離陸・垂直着陸）が可能な超音速戦闘機を実戦化した、初めての事例

よっては有用な洋上航空戦力として機能できることを証明したのが、フォークランド紛争（1982年）である。そこに登場した艦は、イギリス海軍の「ハーミーズ」と「インヴィンシブル」の2隻である。

この2隻が搭載したハリアーGR・3とシーハリアーFRS・1は亜音速機だったが、目標捕捉能力に優れたAIM－9Lサイドワインダー空対空ミサイルを手に入れていたおかげもあって、空対空戦闘では優位性を発揮できた。といってもこれは、フォークランド諸島がアルゼンチン本土から遠く、アルゼンチン空軍の戦闘機があまり長く現場にとどまれなかった事情や、本土防空のためにミラージュⅢ戦闘機を出せなかった事情が影響しているとも考えられるが。

ともあれ、フォークランド紛争でハリアーとシーハリアーが示した実績により、（条件付きながら）V／STOL空母の有用性が認められ、同種の艦を保有する海軍が増えたのは紛れもない事実である。そして２０１０年代後半に至り、Ｆ－35Ｂがようやく実用的な戦闘機に仕上がってきたことで、「ステルス性」「優れたセンサー能力とネットワーク能力」「優れた情報処理能力」を兼ね備えて、しかも超音速飛行が可能な戦闘機をＶ／ＳＴＯＬ空母に乗せるお膳立てが整った。

Ｆ－35Ｂを陸上型のＦ－35Ａと比較すると、兵装搭載量、航続距離、荷重制限値といった分野で、いくらか見劣りする部分がある。だが、先に挙げた三要素については、Ｆ－35ＡもＦ－35Ｂも同等のレベルである。これにより、Ｖ／ＳＴＯＬ空母の戦闘能力が大きくレベルアップするのは間違いない。するとＣＴＯＬ空母を持たない国でも、従来にないレベルの洋上航空戦を展開できる可能性につながるわけで、これはゲームチェンジャーであるといって差し支えないだろう。

ただし過剰な期待は禁物である。搭載可能な機体の数や継戦能力は、空母の規模に制約される。だから大型の空母と比べれば、小型のＶ／ＳＴＯＬ空母はハンデを負う。ハンデを解消しようとすれば、イギリス海軍のクイーン・エリザベス級ぐらいのデカブツが必要になってしまう。

また、Ｖ／ＳＴＯＬ空母では目下のところ、早期警戒機がボトルネックになっている。一応、早期警戒ヘリコプターというものはあるが、上昇可能な高度が抑えられる分だけ覆域が狭いし、機内空間や搭載可能なセンサーの関係で、探知能力や情報処理能力も見劣りする。つまり艦隊としての状況認識能力も見劣りする。

さらに、空中給油機を用意するのも難しい。Ｖ／ＳＴＯＬが可能な空中給油機がないからだ。

こうした注意点に留意して、過剰な期待を抱かず、かつ、能力を発揮できるお膳立てができれば、

Ｆ－35Ｂを搭載するＶ／ＳＴＯＬ空母はゲームチェンジャーになるポテンシャルを秘めていると考えられる。ただし、Ｆ－35Ｂを入手できる可能性があるのはアメリカの同盟国に限られるから、それ以外の国は指をくわえて見ているしかないが。

対戦車ミサイル

新しい種類の武器体系が登場して、それまで主役・無敵と思われていた武器体系に大きな打撃を与えると、「もう○○の時代は終わった」「○○不要論」といったものが勃発するのは業界の通例である。その典型的な事例のひとつに、戦車と対戦車ミサイルがある。

確かに、対戦車ミサイルは画期的な武器体系である。それまでは「戦車に対抗するには、より重武装で防御力に優れた戦車が必要」という認識があった。しかし対戦車ミサイルは、小型のものなら個人で携行・発射できるぐらい小さいし、もっと大型のものでも四輪駆動車があれば搭載できる。そして成形炸薬弾頭（ＨＥＡＴ：High-Explosive Anti Tank）を利用することで、戦車の重装甲を撃ち抜くことができる。

この辺の関係は、先に挙げた「大口径砲を搭載した軍艦」と「対艦ミサイル」の関係に似たところがある。対艦ミサイルに相当するのが対戦車ミサイルであり、その対艦ミサイルを搭載する小型のミサイル艇に相当するのが、対戦車ミサイルを搭載した装甲車やジープなどである。

その対戦車ミサイルが第四次中東戦争で大きな戦果を上げたことから「戦車不要論」が勃発した。

しかし、その後の経過を見ていると、どうだろうか。戦術面・運用面の改良に加えて、HEAT弾に強い複合装甲や爆発反応装甲（ERA：Explosive Reactive Armour）の登場、そして近年では飛来する対戦車ミサイルを撃ち落とすハードキルAPS（Active Protection System）の登場、といった具合に、対戦車ミサイルへの対抗技術が進化してきている。

もちろん、対戦車ミサイルの側も誘導制御の改良、長射程化、タンデムHEAT弾頭に代表される威力向上、といった改良を施しているが、結局のところ、「対戦車ミサイルがあれば戦車は不要」ということにはなっておらず、シーソーゲームが続いている。

「艦対艦ミサイル」の項で取り上げた艦対艦ミサイル、あるいは「対艦ミサイル」の項で取り上げた空対艦ミサイルは、対艦戦闘の図式を大きく変えた武器体系である。艦同士が接近して撃ち合うことも、艦に航空機が接近して攻撃することもなくなり、スタンドオフ交戦が当たり前になった。そして対空戦が対艦ミサイルに重点を置くという変化も生じた。だから対艦ミサイルはゲームチェンジャーといって差し支えないと思うが、それと比べると、対戦車ミサイルの登場による変化は小幅だ。

ただし、対戦車ミサイルへの対抗策として戦車を擁する側が戦術面・運用面の改良を余儀なくされたということは、ゲームのルールになにがしかの影響を及ぼしたということではある。戦車が単独で突撃するのではなく、他の兵科と共同で相互に支援しながら前進することで、戦車に対する脅威を排除したり、歩兵に対する脅威を排除したりする。そういう、新たなルールを生み出すきっかけになった、とはいえそうだ。

人工知能（ＡＩ）

これを書いている２０１９年現在、「ＡＩ（Artificial Intelligence）」はホットワードである（バズワードという方が正しいか）。これは民間だけでなく、軍事の業界でも同じだし、すでに実際に活用する事例も出てきている。

たとえば、ロッキード・マーティンの対艦ミサイル・ＡＧＭ－１５８Ｃ ＬＲＡＳＭ（Long Range Anti-Ship Missile）では、ＢＡＥシステムズが手掛けている誘導制御の部分でＡＩを活用しているとされる。具体的な内容は明らかにされていないが、パッシブ赤外線シーカーとパッシブＲＦ（Radio Frequency）シーカーを使用する目標捕捉・識別の場面で、探知した複数の発信源から優先度が高いものを拾い出すためにＡＩを活用しているのではないか、と考えられる。

また、ロッキード・マーティンは２０１９年６月に、オープンソースの深層学習ライブラリを利用する衛星画像解析システム（ＧＡＴＲ：Global Automated Target Recognition）の開発について発表した。広い範囲をカバーする大量の衛星画像の中から、必要なモノを迅速に見つけ出すのが目的だとしている。利用するのはマクサー（Maxar）のＧＢＤＸ（Geospatial Big Data）プラットフォームで、データ量はトータルで１００ペタバイトに達するという。

衛星画像の解析は、熟練した画像分析担当者に頼るのが普通だが、誰もが最初は新人であり、「熟練した画像分析担当者」を育てるには時間がかかる。しかも、多数の画像を根気強く比較照合するという作業である。ところが、何をどういう状況下で撮影するとどういう映像になるか、ということはある程度の推測やパターンがあると考えられるから、そこにＡＩを適用することは筋が通っている。音声認識にも通じるところがある、特化型ＡＩの典型例である。

似たような話で、米国防総省が２０１９年8月15日に実施を発表した「ｘＶｉｅｗ2チャレンジ」がある。これは、自然災害が発生したときの被害状況の把握を、ＡＩを駆使して迅速化するという課題を掲げたチャレンジ・イベントである（チャレンジ・イベントについては第8章で解説する）。

災害による被害の状況を把握することは、生存者の救出や、後日の復旧計画立案に際して重要である。しかし、「被災前」と「被災後」の差異を的確に認識できなければ、被害状況の把握が成り立たない。そこで「ｘＶｉｅｗ2チャレンジ」では、衛星写真や航空写真を機械学習技術と組み合わせて、その「被災前」と「被災後」の差異を迅速に把握するという競技テーマを掲げた。

実はこれより前に「ｘＶｉｅｗ1チャレンジ」というイベントがあったので、その次のイベントが「ｘＶｉｅｗ2チャレンジ」になった。「ｘＶｉｅｗ1チャレンジ」では、ファースト・レスポンダー（消防や救急といった緊急対応部門のこと）が任務を果たす際に必要となる、対象物の識別を行なうコンピュータ・アルゴリズムの開発をテーマに掲げていた。

このほか、米空軍はゼネラル・アトミックス・エアロノーティカル・システムズ（ＧＡ－ＡＳＩ）に、ＡＩと機械学習を活用するデータ処理に関わる、実証試験の契約を発注している。２０１９年9月にＧＡ－ＡＳＩが明らかにしたもので、米空軍研究所（ＡＦＲＬ）が「アジャイル・コンドル」計画の下で開発した高性能コンピュータをＭＱ－９リーパーに搭載して、機上でのデータ処理能力を高めるというもの。その狙いは、生データではなく処理済みのデータを送るようにすることで、ＭＱ－9と地上管制ステーションを結ぶ衛星通信の負担を軽減することだという。

もうひとつ、与えられた情報に基づいて自ら考えて、応用する能力を備える、汎用ＡＩというものもある。こちらはまだ、完成品に至っているとはいえない。

ともあれ、民間分野でＡＩの活用が謳われれば、当然、軍事分野にもそれをスピンオンさせようという流れは生じるし、実際、活用事例が出始めてはいる。しかし、「ＡＩがコントロールする無人兵器が勝手に戦争をする」という時代が来るかというと、目下のところ、筆者は否定的な方向に傾いている。

これは他のテクノロジーにもいえることだが、ＡＩは万能ではない。ＡＩが適切に機能するには、正しい情報と適切なプログラムを与えてやらなければならない。与えられた情報や知識に立脚するだけでなく、自ら学習して、それを基に推測することも必要になる。そこで極端な話、ダメなデータを大量に与えれば、ダメなアウトプットしか出てこないだろう。プログラムの良し悪しも同じである。

また、人間と同じように判断するには、人間が持っているのと同様の「常識」も必要になる。

そしてなによりも、「ＡＩが勝手に戦争する」ことが社会的、あるいは法的に許容されるのかという問題がある。これは技術的な実現可能性とは別次元の問題である。技術的に実現可能でも、それが社会的に受け入れられなかったり、既存の法制度では対応できなかったり、という事例はいくつもある。技術の進化が既存の法制度を置いてけぼりにしてしまう事例は少なくないが、ＡＩも例外ではないだろう。

交戦規則（ＲＯＥ：Rules of Engagement）というものがあって、軍人が交戦の可否を判断する際にはそれに則って意思決定しているが、それと同じことをＡＩにやらせることができるのか。現場の状況だけでなく、背後にある国際情勢・社会情勢まで考慮に入れなければならない複雑な意思決定、微妙な意思決定について、事前にデータやプログラムを与えておくことができるのか。

そういったことを考えると、「ＡＩがコントロールする無人兵器」を技術的に実現できたとしても、社会的・法的事情から止められる可能性は少なくない。ただし、その辺の事情は国によっても異なるから、日本や欧米諸国は慎重にならざるを得ないだろう。実際、アメリカでは２０１２年に「人間の判断を介さない自律殺傷兵器の開発禁止令」を国防総省が発出、それを２０１７年に恒久化した。

すでに、ＭＱ－１プレデターやＭＱ－９リーパーのような、武装化した無人機（ＵＡＶ：Unmanned Aerial Vehicle）は多数の実戦を経験している。だが、これは世間一般に思われているものとは異なり、〝man-in-the-loop〟、つまり攻撃に際しての意思決定ループに人間が介在していて、さまざまなチェック項目を設けた上で攻撃の実施を決めるというものだ。コンピュータが勝手に判断してミサイルを撃っているわけではない。人は乗っていないが、自律殺傷兵器ではないのだ。

ただし、ここまで述べてきたことは、日本あるいは欧米諸国の価値観に立脚している。価値観を異にする国、体制を異にする国であれば、違った考え方をする可能性がある点には留意しなければならない。

あえて名指しすれば、ロシアや中国みたいな国なら、より積極的に「人間の判断を介さない、ＡＩがコントロールする自律殺傷兵器」を利用しようとするかも知れない。欧米諸国が二の足を踏むからこそ、そこで「ＡＩがコントロールする無人兵器」を持ち込むことがゲームチェンジャーになり得る、と考えるのは筋が通っている。

そういった事情を考慮すると、自ら「ＡＩがコントロールする無人兵器」を配備するつもりがなくても、そういった分野の研究を行なっておくことは重要であろう。なぜなら、「ＡＩがコントロールする無人兵器」の長所や短所、限界を把握する一助になると考えられるからだ。そういった知見を得ることは、「ＡＩがコントロールする無人兵器」がゲームチェンジャーとなって自軍を圧倒するような事態を回避するために、役に立つかも知れない。

実は、米国防総省は２０２０年2月24日に「ＡＩ五原則」を発表している。国防革新会議（Defense Innovation Board）からの勧告を受けて実現したもので、主な内容は以下の通りだ。

1．責任（Responsible）：ＡＩ能力に関する開発、配備、利用に際して、国防総省の要員は適切な判断とケアを行なう。
2．公正（Equitable）：ＡＩ能力における意図しないバイアスを局限する措置を講じる。
3．追跡（Traceable）：ＡＩ能力の開発・配備に際して、担当者は技術・プロセス・運用手法を適正に理解する。
4．信頼（Reliable）：ＡＩ能力の用途を明確にした上で、安全性、セキュリティ、有効性について検証する。
5．統治（Governable）：ＡＩ能力の設計やエンジニアリングについて、意図した機能通りに動作させる一方で、予期しない動作を検知・回避するようにする。また、意図しない挙動が発生したらシステムを切り離すか、あるいは無効化できるようにする。

こうして見ると、作り手が意図していなかった挙動によってトラブルや被害が生じないようにする点を重視しているようである。社会からの反発や政治的な摩擦を避けつつ、ＡＩを有効活用しようという意図が見て取れる。こうした制約に配慮しなければならないのは、いわゆる西側諸国に共通する課題だが、そういう制約を抱えている国ばかりではない。

ドローン（いわゆるＵＡＶ）

２０１８年あたりから「ＡＩブーム」に取って代わられた感もあるが、それより前には「ドローン・ブーム」というものもあった。あえて過去形で書いてしまうが、「ドローンで〇〇する」というだけでニュース種になるような状況は、ブーム、あるいはバブルといわれても致し方あるまい。

ただ、世間一般に「ドローン」というと空撮などに用いられる電動式マルチコプターを指すことが多いが、軍事の世界で「ドローン」といえば無人標的機のことに決まっている。世間の流れに引きずられる形で、近年では無人機（ＵＡＶ）のことを「ドローン」と呼ぶ場面も増えてきているが、基本的には別物である。

「ドローン」にしろ「ＵＡＶ」にしろ、無人ということもあって自律的に飛んでいるという先入観が

FLIRシステムズの超小型無人ヘリコプター「ブラックホーネット」。比較対象物がないが、掌に載るぐらいのサイズしかない

あり、それが武装・交戦するとなると「機体が勝手に交戦している」と勘違いされることもある。それもあってか、ことに米英軍ではＲＰＡ（Remotely Piloted Aircraft、遠隔操縦機）という言葉を使いたがる傾向が強まっている。

閑話休題。呼称がどうあれ、無人の飛びものが日常的に使われるようになったのは、従来にない出来事である。しかも安価な民生品が出回ったことで、正規軍だけでなく、非政府主体でもそうした民生品が使われるようになった。市販品の空撮用電動マルチコプターを買ってきて、もともとの機能を活かして偵察に使用するだけでなく、カメラの代わりに爆薬などを積み込んで破壊の道具に仕立てる場面も出てきている。

そうした状況、民間における「ドローン・ブーム」の出来、さらに民生用電動式マルチコプターが引き起こしたさまざまな事件（首相官邸の敷地に不時着したり、空港の運用を止めてしまったり）の結果として、「ドローンが新たな戦闘空間を創出する」「ドローンが戦争のあり方を変える」みたいな論調も出てきた。

だから本書でも「ドローンはゲームチェンジャーか？」という話を書くことにしたのだが、問題は、「ドローン」という言葉を使ったときの定義の曖昧さである。

前述のように、もともと軍事の世界で「ドローン」といえば無人標的機のことだった。しかし今では「ドローン＝ＵＡＶまたはＲＰＡ」という意味合いに変わってきている。そして、そのＵＡＶの種類が多種多様であり、機体の規模も能力も千差万別。手のひらに載るような超小型電動ヘリコプターのブラックホーネット（ＦＬＩＲシステムズ製）と、翼幅がボーイング７５７並みに大きいＲＱ－４グローバルホーク（ノースロップ・グラマン製）では、まるで別物である。

こうした機体の規模・飛行性能の違いだけでなく、機能的な違いもある。メーカーがあれこれ旗を振る割には、軍用ＵＡＶの利用範囲は限られた範囲にとどまっており、主としてＩＳＲ（Intelligence, Surveillance and Reconnaissance：情報収集・監視・偵察）である。

ＭＱ－１プレデターやＭＱ－９リーパー（いずれもゼネラル・アトミックス・エアロノーティカル・システムズ製）のような武装ＵＡＶは、対地攻撃任務で活躍している。しかし、これはＩＳＲの余技として「見つけたターゲットをその場で攻撃する」というものだ。いくら武装した航空機だからといっても、戦闘機や攻撃機と同列のものとして扱うのは無理がある。

さらにややこしいことに、スイッチブレード（エアロヴァイロンメント製）、ＨＥＲＯ（UVision製）、ウォーメイト（ＷＢエレクトロニクス製）といった自爆突入型ＵＡＶもある。これらが「ミサイルと

MQ-9リーパー。もともと偵察用として作られた機体を武装化することで、「発見・即・交戦」が可能になった。しかし、「戦闘用機」ではあるが、「戦闘機」と同じ仕事はできない

どう違うのか？」という疑問が出てくるのは、無理からぬところであろう。一応、「いきなりターゲットに突っ込むのではなく、まず敵地の上空を遊弋して、ターゲットを見つけたら突っ込むもの。監視・偵察の機能も併せ持っているところが違う」と説明されているが、似たような飛び方をするミサイルもある。

つまり、「ドローン」の定義や機体規模や機能・能力が千差万別なのだから、十把一絡げに「ドローン」という呼び方で束ねてみても、まともな議論はできない。対象を明確にしないと、「何に使えるのか」「何が脅威なのか」という議論ができない。そういう議論ができなければ、ゲームチェンジャーなのかどうかもハッキリしない。

まずISR用途のUAVについていえば、これは間違いなくゲームのルールを変えたといって良いだろう。遠隔操縦によって、あるいは事前にプログラムした通りに自律的に飛行しながら、搭載

する電子光学／赤外線（ＥＯ／ＩＲ：Electro-Optical/Infrared）センサーによって、可視光線や赤外線の静止画・動画をライブで送ってくるという能力は、従来には存在しなかったものだ。バルカン半島上空を飛行するＲＱ－１プレデターのライブ動画を軍や政府の高官が見たがる、いわゆる「プレッド・ポルノ」現象が出来したのも無理はない。

こうした、戦地からの動画実況中継は、

・現場の状況がリアルタイムで分かるようになった
・現場にいない人に対しては隠蔽できていたはずのものが、隠蔽しづらくなった
・動画により、動きを伴う形で見られるようになった

といった変革をもたらしている。それに付随して、「大量のデータを溜め込む羽目になり、保存・解析・活用のために新たな手段が必要になる」という影響も発生した。

ＩＳＲ用途のＵＡＶを武装化したのも、ひとつのゲームチェンジャーである。それまでは「ＩＳＲ資産」と「攻撃用の資産」は別物だったから、ターゲットを見つけても、地上軍や戦闘機や爆撃機を呼ぶまでは交戦できないのが普通だった。その間にターゲットを取り逃がしたことも少なくなかっただろうが、ＩＳＲ用途のＵＡＶが武装化すれば、その場で攻撃できてしまう。

ただし、だからといってこれを「戦闘機や爆撃機に取って代わる存在」ということはできない。ＵＡＶのＩＳＲ能力では戦闘機や爆撃機より優れているが、飛行性能や生残性の面では大差がある。ＵＡＶの

コラム

宣伝戦におけるゲームチェンジャー

２０１９年９月に、サウジアラビアの製油所が攻撃される事件が発生した。そして「イエメンのイスラム武装組織・フーシ派が、ドローンで製油所を攻撃した」との話が出てきた。そのせいで「ドローンの影響力について話を聞かせてくれ」といった類の依頼が、筆者のところにまで舞い込んでくることになってしまった。

しかし件の攻撃では、無人機だけでなく巡航ミサイルも使われたことが明らかになっている。どちらが大きな仕事をしたかといえばおそらく、巡航ミサイルの方であろう。しかし、世間受けするのは「ドローン」の方である。目新しさがあるし、流行り言葉でもあるからだ。だからこそ、いきなり複数の新聞社から筆者のところに取材依頼が来るような事態にもなった。

そういうインパクトまで読んだ上で「ドローンで攻撃した」とやったのであれば、フーシ派はなかなかの策士である。武力の手段としてではなく、宣伝戦のツールとしてのゲームチェンジャー、といえるかもしれない。

利点は「有人機では難しい長時間飛行が可能」「墜とされても人命が失われないので諦めがつく」の2点が主体だが、一方で「いったん見つかると簡単に墜とされる可能性が高い」という難点もある。

2019年7月にホルムズ海峡上空で、米海軍のRQ－4Aグローバルホーク（MQ－4Cトライトンのプロトタイプ機）がイランによって撃墜されたが、いくら高高度を飛んでいても、そこまで上昇してくる地対空ミサイルや艦対空ミサイルはあるのだから、無敵ではない。いったんミサイルが飛んできたら、避ける手段も妨害する手段も持ち合わせていない。しかも大型で高級で高価な機体だから、「墜とされたら諦めろ」とはいいづらい。墜とされても諦めがつくのは、せいぜいMQ－1やMQ－9のクラスまでだろう。

では、電動式マルチコプターの武装化はどうか。銃器を積み込んでみたり、爆発物を積み込んでみたりといった事例はすでに存在するし、理屈の上では生物化学兵器や放射性物質を積み込んで突っ込ませる使い方もできる。しかし、爆発物や生物化学兵器や放射性物質が空から降ってくるという点において、砲弾を使用する場合と何が違うのか、と問われたらどうだろうか。ドローンという目新しいデバイスを使っているが故に、実力以上に過大評価されている傾向はないだろうか。

野砲、迫撃砲、地対地ロケットといった武器に対しては近年、C－RAM（Counter Artillery, Rocket and Mortar）と題して対抗手段の開発が進んでいる。同じように、小型UAVに対してもC－UAS（Counter Unmanned Aircraft System）と題して対抗手段の開発が進んでいる。

小型UAVはサイズの小ささに加えて速度が遅いことから、レーダーによる探知が困難になる傾向があるのは否めないが、現実にはレーダーや光学センサーによる探知手段の開発が進んでいる。対処についても、電波妨害によるソフトキルだけでなく、低出力レーザーによる物理的破壊の実験が行なわれている。

後で述べるように、どんなゲームチェンジャーでも永遠に無敵ではあり得ない。必ず対抗手段が出てきて威力を減殺されたり、無力化されたりしている。世間でいうところの「ドローン」も例外ではないだろうし、存在が目立ち、脅威が喧伝されれば対抗手段の開発にも発破がかかる。ある意味、藪蛇である。

小型UAVによるスウォーム・アタック（1）

小型UAVについては、スウォーム・アタックの脅威が喧伝されることもある。スウォーム（swarm）とはもともと「昆虫の大群」を意味する言葉だが、確かに「イナゴの大群」ならぬ「小型UAVの大群」が飛来すれば、脅威に見える。モノが小さく、しかも数が多いとなると、レーザーを使うにしろ機関砲を使うにしろ、個別に狙い撃ちして叩き落とすのは無理がある。

すると「これは脅威だ！」ということになる。「こんなものが飛行場の周辺にウジャウジャと現われたら、最新のステルス戦闘機だって飛べなくなってしまう！」なんて主張も出てくる。しかし、ちょっと頭を冷やして考えてみて欲しい。

小型の機体であれば当然、航続性能は見劣りする。数十分から数時間程度しか飛べない。航続時間の限度に達した機体を使い捨てにするのであれば、べらぼうな数の機体を用意する必要がある。使い捨てにしないで回収・再充電するのであれば、そのための拠点と道具立てが要る。しかも小型で航続時間が短いのだから、ターゲットからさほど遠くない場所に。

仮に、100機の小型UAVを飛ばして戦闘機基地のオペレーションを妨害する、と考えてみよう。航続時間が2時間程度とすれば、24時間フルタイムで100機の小型UAVを飛ばし続けるには、延べ1200機が必要になる。回収・再利用するなら、所要機数は数分の一で済むが、使い捨てなら24時間で1200機だ。そんな大荷物を、敵国の戦闘機基地の近所まで隠密裏に運び込んで拠点を設営して、しかも見つからずに飛ばし続けられるものなのか。

と、この例はいささか極端に書いた部分があるが、「飛びものが飛んできたら、対処手段は撃墜だけ」という固定観念が正しいのか、という問題提起にはなるのではないか。ゲームチェンジャーというのはすべからく、「固定観念から外れた対処手段」という色彩を帯びているものだが、それはゲームチェンジャー扱いされそうなドローンに対処する場面でも同様である。

飛んできた小型UAVの群れを個別に墜とすことを考えるよりも、その小型UAVを飛ばすための拠点を作らせない、あるいはつぶすことを考える。それもひとつの、ゲームのルールの書き換えではなかろうか。

さらにいえば。「スウォーム・アタック」と聞いたときに一般に想起されやすいのは、「小型UAVがイナゴの大群みたいに飛来する」なんていう場面のようである。しかし、そんな小型UAVは風の影響を受けやすい。電動式マルチコプターが風に煽られてコントロール不可能になる事案は、日本国内でもいくつも発生しているし、その一例が例の「官邸ドローン事件」である。

仮に、「小型UAVを何百機も敵国の戦闘機基地の周囲で飛ばして、フライト・オペレーションを妨害する」なんてことを考える物好きがいたとしても、離着陸の適切な経路上に小型UAVの大群を適切に占位させ続ける」のは、決して容易な仕事ではないのではないか？

小型UAVによるスウォーム・アタック（2）

むしろ、小型UAVの群制御は、有人航空機を突っ込ませるには危険度が高い、たとえば敵防空網制圧（SEAD：Suppression Enemy Air Defense）みたいな場面でモノをいうかも知れない。

それこそ、自爆突入型UAVでも、空対地兵装を搭載した安価な武装UAVでもいいが。有人機では費用面で実現できないぐらいの機数を揃えて突っ込ませることで、敵の防空能力を飽和させる。有人機ではないから、墜とされても人命は損なわれない。大半の機体が墜とされたとしても、生き残った機体がターゲットをつぶしてくれれば目的は達成される。

また、2019年に入ってから急に話題になり始めた「忠実な僚機」（loyal wingman）にも群制御技術が関わってくる。「忠実な僚機」とは、有人の戦闘機に対して複数の無人戦闘用機（UCAV：Unmanned Combat Aerial Vehicle）を随伴させて、危険な任務にはUCAVを送り込もうという考え方。もちろん、その際には有人機の搭乗員が作戦を組み立てて、UCAVに対して指示を出した上で、ということになる。

少数の有人機に対して、もっと多数のUCAVが随伴して飛行するのだから、これはもう群制御技

米空軍研究所が開発した無人技術実証機、XQ-58ヴァルキリー。「撃ち落とされても諦めがつく」程度に安価な機体ではあるが、使い捨てではなく、回収できれば再利用するという構想。有人機では、こうはいかない（USAF）

これも米空軍が開発を進めている、無人戦闘用機「スカイヴォーグ」。有人機に随伴して、危険な任務を引き受けるという運用構想(USAF)

術がなければ成り立たない。敵の攻撃をかわすために、複数のＵＡＶが組んで、群れをなして突っ込んで行く場面でも同様である。

無人標的機のメーカーとして知られているクラトス社が、無人標的機のノウハウを活かして、ＵＣＡＶを研究している。もともと墜とされてナンボの無人標的機は、安価に作ることを求められる。そのノウハウは、墜とされても諦めがつくような、安価な無人攻撃機を作る場面でも役に立つというのが、クラトス社の考え方だ。安価なら、数を揃える際のハードルは低くなるから、そこに群制御技術を組み合わせれば、ＳＥＡＤ任務においても、あるいはその他の任務でも、敵軍の防空能力を飽和させるという期待が持てる。

また、米国防高等研究計画局（ＤＡＲＰＡ）のグレムリン計画で手掛けているＵＡＶの空中発進・空中回収が実用的なモノになれば、陸上に拠点となる飛行場がないところで、いきなりＵＡＶの群れを出現させることもできるかもしれない。もちろん、発進・回収を敵対的な空域で行なうことはできないにしても。

ＵＡＶ以外の無人ヴィークル

ここまではＵＡＶの話に終始してきたが、陸上でも海上でも海中でも無人ヴィークルは使われている。

空中に次いで普及が進んでいるとみられるのが海中で、ＵＵＶ（Unmanned Underwater Vehicle）

による水路調査や機雷捜索に関する開発が、多くの国で進められている。民間の海洋観測や海底探査と技術的に共通する部分が多いことも、実現に際してのハードルを下げる理由になる。ただ、空中以上に水中では測位・航法・通信のハードルが高いので、それがネックになるかも知れない。電波による通信や測位ができないからだ。

オランダとベルギーが共同調達する12隻の新型掃海艇（機雷掃討艇というべきか）は、機雷の捜索や掃討を行なう際の手段として、トータルで１００基あまりの無人ヴィークルを搭載すると伝えられている。といっても1隻ではなく、12隻に搭載する分の総計であろうが、それでも掃海艇1隻に8～9基の無人ヴィークルを搭載するとなれば、けっこうな規模だ。

水中で無人ヴィークルを活用するのは、人間の生存が困難な環境下で、長時間のミッションを遂行する場面が多いからだ。たとえば機雷の捜索ということになると、指定された海域の海底をなめるようにして、漏れがないようにソナーで捜索してまわり、データを集める必要がある。しかも、有人の艦艇を送り込んで、それが機雷を作動させてしまったのでは洒落にならない。効率の面からいっても、安全性の面からいっても、隠密性の面からいっても、無人化は必然である。

この、対機雷戦（ＭＣＭ：Mine Countermeasures）の分野におけるＵＵＶの活用は、海軍戦力整備の「公式」を書き換える可能性につながる。従来は、掃海艇や機雷掃討艇といったＭＣＭＶ（Mine Countermeasures Vehicle）として、非磁性の船体や機関を搭載する、専用設計の艦艇を必要としていた。しかし、それが必要になるのは、自ら機雷原に乗り込んでいって掃海具を引っ張って回るからである。機雷原の手前からＵＵＶを送り込んで捜索・識別・掃討を行なうのであれば、必ずしも専用設

シンガポール海軍で運用しているプロテクターUSV。港湾警備ぐらいなら問題ないが、外洋で使うには航洋性に問題があるので、後継はもっと大型のUSVになるようだ

ACTUV計画では、ソナーを装備するUSVを遊弋させて、長時間にわたって潜水艦を捜索する、というテーマを掲げた（DARPA）

計のＭＣＭＶは必要としない。

それだからこそ、米海軍は沿岸戦闘艦（ＬＣＳ：Littoral Combat Ship）にＭＣＭミッション・モジュールを搭載して機雷掃討を行なわせようと考えたのだし、我が国も新型護衛艦（ＦＦＭ）で同様の路線に進もうとしている。これが目論見通りに進めば、ＭＣＭのために専用の艦艇を用意する必要がなくなり、海軍戦力整備の柔軟性が増す効果を期待できるかも知れない。

ちなみに、海中ではＵＵＶだけでなくＡＵＶ（Autonomous Underwater Vehicle）やＲＯＶ（Remotely Operated Vehicle）という言葉もある。機雷処分具みたいに遠隔操縦を前提とするものはＲＯＶ、自立行動するものはＡＵＶ、みんなひっくるめて海中の無人モノはＵＵＶということになろうか。

それと比較すると地味だが、水上の無人ヴィークル・ＵＳＶ（Unmanned Surface Vehicle）の活用事例が出てきている。レーダーとＥＯ／ＩＲセンサーの組み合わせによる港湾警備・水路警備は、すでにイスラエルやシンガポールで事例がある。使用しているのはラファエル・アドバンストディフェンス・システムズ製の「プロテクター」で、ＲＨＩＢ（Rigid Hull Inflatable Boat）に所要の無人航行用機材・センサー機材・機関銃塔を搭載したもの。有人艇と異なり、燃料が続く限りは持続的な長時間警備が可能である。

また、ソナーを搭載したＵＳＶで持続的な潜水艦捜索を行なわせようというのが、ＤＡＲＰＡのＡＣＴＵＶ（Anti-Submarine Warfare Continuous Trail Unmanned Vessel）計画。担当はレイドス社で、「シー・ハンター」というＵＳＶを建造して試験を進めている。ＵＵＶと違い、他の行会船との衝突回避という課題があり、試験項目のひとつになっている。現在、この計画は米海軍の研究部門

（ＯＮＲ：Office of Naval Research）に移管され、ＭＤＵＳＶ（Medium Displacement Unmanned Surface Vehicle）という名称に変わっている。

ＳＵＲＴＡＳＳ（Surveillance Towed Array Sonar System）を搭載する有人の海洋監視艦は現在もあるが、人手がかかるし、危険な海域に送り込むのは難しい。その点、ＡＣＴＵＶ改めＭＤＵＳＶみたいなＵＳＶなら、目立たない上に人命の損耗を回避できるし、長時間の監視にも向いている。

だが、拿捕されそうになっても抵抗する手段がないとか、先に挙げた衝突回避とかいった課題もある。実のところ、こうしたＵＳＶの活用がゲーム・チェンジャーになり得るかどうかは、まだ分からない。

xR技術

ｘＲと書かれると何のことかと思われそうだが、仮想現実（ＶＲ：Virtual Reality）、拡張現実（ＡＲ：Augmented Reality）、複合現実（ＭＲ：Mixed Reality）の総称である。実は、これらの技術はすでに、シミュレーション訓練の分野で活用が始まっている。

これまで、実物やモックアップを利用して訓練を実施していたところにｘＲ技術を持ち込むことで、リアリティを高めたり、実物を使わずに済ませることで経済性を高めたり、といったメリットを発揮できるという考え方が、背景にある。

軍事分野ではないが、日本航空がＶＲを整備士の訓練に適用する実験を行なっており、それについ

コラム　M&S

M&Sとはモデリング&シミュレーションの略。実物を造って試す代わりに、コンピュータによる数学的な計算によって試そうというものである。

分かりやすいところだと、空力関連の解析を行なうのに、いちいち模型を造って風洞実験にかける代わりに数値流体力学（CFD：Computational Fluid Dynamics）に基づくシミュレーション解析を行なう事例がある。また、先にも述べたように、対レーダー・ステルス技術を適用する場面でレーダー反射断面積（RCS）を解析する際に、やはりコンピュータによるシミュレーションを活用している。

ただ、モデリングやシミュレーションは万能ではない。確かに、さまざまな案を用意して試行錯誤する過程では、モデリングやシミュレーションは役に立つ。負担軽減になれば、その分だけいろいろな案を試すことができる。だが、最終的には現物を造って試してみなければならないことがほとんどだ。

それに、シミュレーションの結果がどれだけ実物に近付くかは、作成する数学的モデルの良し悪しに左右される。過去に、RCS解析で実際にそういう事例があったように、コンピュータの処理能力に合わせなければならないという理由で、モデルの内容をへつらなければならないこともある

（F－117Aの外形が角張ってしまったような類いの話である）。

そういった事情を考慮すると、モデリングやシミュレーションもやはり、ゲームチェンジャーでございい、というのは難があるように思える。


て取材した経験がある。操縦席でエンジンを始動する際の手順を覚えるのに、計器やスイッチの写真を貼り付けただけのモックアップで訓練するのに代えて、VR環境を使おうというものだ。

実際にヘッドセットを被ると、目の前には本物のコックピットと同じ世界が広がっている。身体を動かしたり頭の向きを変えたりすれば、見える光景は実機の操縦席にいるときと同様に変化する。操作内容だけでなく視線の向きも追跡できるから、デブリーフィングのための材料も得られる。しかも、眼で見たときの距離感は本物のコックピットと同じである。「これは確かに、効率的な訓練を実現する可能性につながる」と感心した。

たぶん、軍事分野の訓練にxR技術を援用した場合にも同様であろう。最近だと、米海軍研究所（ONR）と海軍水上戦センター（NSWC：Naval Surface Warfare Center）が組んで、AR技術を訓練に活用する研究に乗り出している事例がある。

Navy leverages gaming tech in new augmented reality training prototype
https://www.janes.com/article/90413/navy-leverages-gaming-tech-in-new-augmented-reality-training-prototype? from_rss=1

JALが報道公開した、VRを活用する整備士向けの操作手順訓練。右側のスクリーンに、VRで生成した映像を出して見せている

ただ、それが「ゲームチェンジャー」といえるかどうかは、また別の問題。

シミュレーション技術やｘＲ技術の活用は、「よりリアルな訓練」を可能にするツールではあるが、その訓練によって目指すところがガラッと変わるわけではないだろう。

リアルで効率的な訓練により、戦場に送り出す兵士の練度が上がるとか、兵士を戦場に送り出すまでに要する訓練の期間を短縮できるとかいう効果は期待できるかも知れないが、本質的なところは変わっていない。

そういう見地からすると、ｘＲ技術は「大きな可能性を秘めたツール」ではあるが「ゲームチェンジャー」かといわれると疑問符がつく、というのが実態ではないだろうか。

そういうところは、シミュレータ訓練も同じであろう。

第7章　ゲームチェンジャーの実現と組織

さて。ここまでは「何がゲームチェンジャーか」という話を書いてきたが、この後は「どうやってゲームチェンジャーを実現するか」という話に移していきたい。そもそも、ゲームチェンジャーを生み出す前の段階として、まず新しいゲームのルールを規定するとともに、それを関係者の間で共有するという難しい課題がある。

この辺からだんだんと、抽象的な話が増えてくる上に、「これこれこういう風にすればゲームチェンジャーを生み出せます」というインスタントな内容でもないので、難解に思えてくるかも知れない。だが、そこが大事な話だと思うので、お付き合いいただきたい。

いちばん大変なのは最初の立ち上げ

「今のやり方で問題ない」「今のやり方で勝てる」という考え方が主流になっていれば、あえてそれを変えようとする声は、なかなか支持を得ることができない。軍事組織でも企業でもお役所でも（軍事組織もお役所の一種だが）、その辺の事情は同じである。

しかし、何か困難や危機に直面した場合、企業や軍事組織であれば強力なライバルや敵対勢力と向かい合う羽目になった場合には、事情が違ってくる。困難や危機を乗り切るためにはどうすればよいか、ライバルや敵対勢力に打ち勝つためにはどうすればよいか、といったことを真剣に考えるよう迫られるからだ。

ところが、大組織の慣性というものがあるし、人間、馴染んだ世界から抜け出て別の世界に移動しようとするには、かなりの踏ん切りを必要とする。だからついつい、「今のやり方でいいじゃないか」「今のやり方でなんとかならないか」という声が出てくるものだ。

だが、それではゲームチェンジは成立しない。思い切って違うルール、違う世界に踏み出さないと、従来と違うゲーム盤の上でプレイするように相手を仕向けることはできない。相手の居場所を変えさせるには、まず自分が居場所を変えなければならない。

実のところ、いちばん大変なのは、この「最初の立ち上げ」段階ではないだろうか。そして多くの場合、危機感に基づいて「新たなゲームのルールを生み出さなければならない」といって組織を動かすためには、強力なリーダーシップを持つ言い出しっぺと、それを後押しする力が必要になる。

ちょうど、本書の原稿を書いているときに強い逆風に直面した某メーカーの話だが、トップが社内に「今は好調かも知れないが、地獄に墜ちるときが来るかも知れないぞ」と危機感を持たせようとしていた、という。

調子がいいときほど、当事者も周囲も「この好調がずっと続く」と思ってしまいがちだが、そこでキリギリスみたいにならない組織は強い。

逆に、過去に隆盛を極めていたのに現在は旗色が悪くなってしまったメーカー、あるいは業界の関係者が、我田引水な発言をすることがある。それらは往々にして「大事な文化だから維持しなければならない」とか「大事な役割を負っているのだから維持しなければならない」といった理由をつけている。

過去に旗色が良かったものが、後になって旗色が悪くなったということは、競合に対して勝つための「ゲームのルール」が間違っていたということではないのだろうか。長く生き残っている業界や企業や組織は、周囲の状況に合わせて柔軟に対処してきている。そこで、戦い方を変えよう、ゲームのルールを変えよう、という方向に行かないで「まわりが悪い」「保護してくれ」などと他人のせいにしてしまうようでは、その業界にしろメーカーにしろ、滅びても仕方ないのではないか。

ただ、口でいうだけなら簡単だが、実際にやろうとすると難しいのが、ゲームのルールを変えるということである。さてどうしよう。

危機感を原動力とした米海兵隊

危機感を原動力にして変革を図るという観点から見ると、アメリカ海兵隊の歴史は興味深い。制度上は海軍省の下にある組織だが、統合参謀本部には陸海空軍と並んで海兵隊司令官も名を連ねている。

ただしそれが実現したのは１９７６年のことで、まだ40年ちょっとの歴史しかない。海兵隊の長い歴史と比べると、ごくごく最近の話といえる。

実はアメリカ海兵隊という組織、何度も存亡の危機に直面してきている。かいつまんで説明すると、陸軍から「陸上戦力は陸軍だけでよい」という圧力を受けては、それをかわして組織を生き残らせることの繰り返しだった。その過程で、海兵隊は「海兵隊ならではの存在価値」「海兵隊でなければできないこと」を模索して、それに合わせて自らの組織や訓練を見直すプロセスを繰り返してきた。

日本では、太平洋戦争のときの印象から、海兵隊というと「敵地に強襲上陸を仕掛ける両用戦の専門集団」という見方をされることが多い。しかし、海兵隊が両用戦に力を入れるようになったのは意外と最近のことで、１９３０年代以降である。その成果を太平洋戦争で存分に発揮した、というわけだ。

そもそも、海兵隊が最初にできたときの主な仕事は、「敵艦への斬り込み隊」であった。昔は火砲の射程距離が短く、そんな精確に狙いがつけられるわけでもなかった。そこで、「敵艦に接舷して斬り込み隊が乗り込み、敵艦を制圧する」という戦い方があった。そこで斬り込み隊を担当するために、船乗りが臨時に武器を持って斬り込む代わりに、専門職の海兵隊が登場したというわけだ。

そうした技能は、平素には艦内での秩序維持という任務でも活きる。その名残なのか、米空母が過去に搭載していた特殊兵器（核兵器の婉曲表現）を警備するのは海兵隊の仕事だった。過去形で書いているのは、現在は米空母には核兵器が載っていないからだが。

しかし、高性能・高精度の火砲が登場して、それを管制する射撃指揮システムが充実すれば、敵艦

日本軍の守備する硫黄島に上陸した米海兵隊員。海兵隊は第2次世界大戦で水陸両用戦に自らの存在価値を見出した（USMC）

に接舷して斬り込み隊を送り込むまでもなくなる。そこで出番を失った海兵隊は、米墨戦争から第一次世界大戦にかけての時代、陸戦部隊として戦っていた。米海軍の強襲揚陸艦に「ベローウッド」という艦があるが、これは海兵隊が第一次世界大戦で活躍した戦場の名前である。強襲揚陸艦は海兵隊を乗せて運ぶための艦だから、海兵隊が活躍した場所の名前を艦名にしているケースが多い。

しかしこうなると、陸軍との区別は曖昧になるし、当然ながら陸軍は「それなら海兵隊を陸軍に吸収してしまえ」といいだす。お役所にとっては組織拡大の論理が働くものである。そこで海兵隊が生き残りをかけて見出した新たなフィールドが、前述の水陸両用戦であった。その成果は第二次世界大戦で発揮され、最初にガダルカナル、続いてタラワ、クエゼリン、ペリリュー、硫黄島、沖縄などで苛烈な戦いを経験して、海兵隊の名声を不動のものにしたといえる。

無論、今でも海兵隊にはそうした一面があるが、よく考えてみて欲しい。アメリカ海兵隊が最後に大規模な両用戦を実施したのは、朝鮮戦争中の仁川上陸作戦で、なんと1950年のことである。その後も小規模な両用戦は実施しているものの、「表芸」のはずの両用戦は意外とやっていない。するとまたぞろ「海兵隊は必要なのか」という声が出てくる。そこで海兵隊が見出した新たな生き残りの道は「機敏に戦地に投入できるミニ統合軍」を突き詰めることであった。歩兵、戦車、砲兵、偵察、補給などひととおりの兵科を内輪で揃えるだけでなく、ヘリコプターも戦闘機も持っている。移動の手段となる揚陸艦は海軍に依存しているが、その揚陸艦に小規模な諸兵科連合部隊であるMEU（Marine Expeditionary Unit：海兵遠征隊）を乗せて、常に世界の何ヵ所かに展開させている。もしもどこかで火の手が上がった場合には、小規模なものならMEUを乗せた遠征打撃群（ESG：Expeditionary Strike Group）が駆けつけて鎮火できる。

他の軍種で同じことをやろうとすると、陸軍の陸上戦力とヘリコプター、そして空軍の戦闘機などを、必要な種類、必要な数だけ選んで差し出させて、統合派遣軍を編成しなければならない。大規模な部隊を編成できるが、その分だけ出動には時間がかかる。その点、ボヤをサッと消し止めるぐらいのことであれば、小所帯で機敏に動ける海兵隊の方が強い。

このことでお分かりのように、「組織存続の危機」に直面する場面が多かった米海兵隊は、それだけ組織変革や自らの存在意義の確立を迫られる機会が多く、結果として新たな存在基盤、新たなゲームのルールを作らざるを得なかった。危機感は改革の原動力、という典型例である。

そうした歴史の過程で、宣伝も上手になった（これは肯定的な意味でいっている）。それは、国民、あるいは国民の代表者たる議会を味方につけて、組織の生き残りや、そのために必要な予算を獲得するために不可欠なことだったのである。

トップダウンvsボトムアップ

ニーズやビジョンを明らかにして、「これを実現することでゲームのルールを変えたい」という声がどこからあがるか。実のところ、トップダウン型もボトムアップ型も、いずれもあり得るだろう。

トップダウン型とは、トップが指揮官としての立場から全体状況を俯瞰していて、「これではいけない。やり方を変えなければ」といって号令をかけるケース。朝日新聞社や日本経済新聞社における電算写植の導入は、典型的なトップダウン型だった。

対するボトムアップ型とは、まず現場から新たなニーズやコンセプトが生まれて、それが組織の上の方に上がっていって必要性が認識される、という流れになる。現場から声があがるだけでは、組織全体を動かすには不十分だから、これも最終的にはトップが新たなニーズやコンセプトについて理解して、ゲームのルールを変えなければならないという認識の下、旗を振らないと話が進まない。

ただ、トップダウン型にしろボトムアップ型にしろ、「これが必要」というニーズ、あるいは「こうありたい」というビジョンを生み出すところまで話が進んでも、それを実際に実現できなければ最終的な勝利につながらない。

どちらの形態であっても、順番が違うだけで、いずれはトップをその気にさせないと話が先に進まない。組織を作ったり、そこに人を送り込んだり、必要な予算をつけたり、外部との折衝を行なって話をつけたり、といった話を実現するにはトップの理解が欠かせないからだ。（もっとも、その度が過ぎて、現場の細かいところまでいちいち口を突っ込んでくる、マイクロマネージメントの見本みたいなトップがいても困るのだが）

また、トップに限らず、組織内に味方を増やすか、せめて足を引っ張られないようにする工夫も必要になる。新たなプロジェクトを立ち上げるのに、本来の狙いを隠して隠密部隊を立ち上げるという手もないわけではないが、いずれは姿を現わさなければならないのだから、その時点でいきなり逆風に直面したのでは具合が悪い。結局、公然と話を進めるにしても非公然に話を進めるにしても、組織内に味方を作らなければならない（敵をなるべく作らないようにする）という必要性は同じである。

トップがビジョンを示して全員で共有

ゲームのルールを変えようというのであれば、まず自陣営の側が新たなゲームのルールを考えなければならない。技術や製品は、それを具体化・実現するための手段である。「こんな技術があるから、これをどう使おうか」というのはゲームチェンジャーではない。

問題は、その「新たなゲームのルール」を実現するプロセスである。もちろん、「新たなゲームのルール」を考え出すことは容易ではないが、それだけでは終わらない。案出した「新たなゲームのルール」を周囲にも理解して、納得してもらわなければ、話が先に進まない。特に、ボトムアップ型で

「新たなゲームのルール」が持ち上がってきたときには、上層部がそれを理解しないとつぶされてしまう。

また、トップが現場の新しいアイデア、あるいは試行錯誤を押さえつけたり、うまくいかなかったときに難詰したりするだけでは、試行錯誤や創意工夫の芽を摘んでしまうし、結果としてゲームチェンジャーも生まれてこなくなる。それだけでなく、トップが防波堤となって外部からの雑音を阻止したり、チャレンジを奨励したりしなければ、現場からゲームチェンジャーが生まれてくることはない。

つまり、「新たなゲームのルール」を具現化して、その手段となるゲームチェンジャーを作り出し、持ち込んでいくためには、トップの理解が欠かせない。単に理解するだけでなく、トップが自らビジョンを示さなければならない。「我々はこうやって勝利者になるのだ」という明確なビジョン、説得力のあるビジョンを打ち出すことで初めて、部下はそれについていく気になるのではないか。

そしてもちろん、そのビジョンを組織全体で共有していなければならない。部門によって異なるビジョンを持っていたのでは、方向性がバラバラになる。

企業経営も似たところがある。カンパニー制あるいは独立採算制などといった形で、部門ごとの独立性を持たせる経営手法があるが、それぞれの部門がてんでバラバラな方を向くようになれば、会社全体としてはまとまりがつかなくなり、結果が出ない。部門ごとの独立性はあくまで、「会社全体としてのビジョン、会社全体としてのゴール」に沿ったものでなければならず、それにはビジョンやゴールを全員が共有している必要がある。

思うに、日露戦争より後の日本陸海軍（も含めた国家全体として）には、こういう部分が欠けていたのではないか。陸軍と海軍はそれぞれ「仮想敵」を定めていたが、それぞれバラバラな方向を向いていた。想定する仮想敵が異なれば、戦略も教義も、そして求められる戦備も違ってくる。

そもそも、仮想敵以前の問題として「大日本帝国はどうやって生き残り、成長していくのか」というビジョンが、どこまで明確になっていただろうか。そのビジョンがあって初めて、生き残り、成長していく際の手段のひとつである軍事力をどう使うかが明確になる。仮想敵云々は、その後の話ではなかったのか。

そして、「もしも戦争になってしまった場合、自国の方が優位にあるポイントはこれとこれ、自国の方が不利なポイントはこれとこれ。だから、有利なポイントを活かして、こうやって勝つ」というビジョンも不可欠だ。

ビジョンを生み出すにはどうするか

さて。あっさり「ビジョンを最初に出せ」と書いたが、ビジョンというのは抽象的なもので、具体的な形がない。だから、いきなり「出せ」といわれても困ってしまいそうだ。「ビジョンを出せ」と書いた手前、それを実現するには何が必要と考えるのか、ということも書かないといけないだろう。

そこでいろいろ思案したのだが、情報分析に際して「さまざまな情報を頭の中に詰め込んでいくことで、フッと答えのようなものが見えてくる」という経験を思い出した。何もないところから、いきなり答えがフッと見えてくるわけではない。たくさんの情報に接して、いろいろ感じたり考えたりしていくと、知らず知らずのうちに、自分の中に「素材」が溜まっていくのではないだろうか。それが何かのきっかけで引き出されたり結びついたりして、答えに結びつくのではないかというわけだ。

ビジョンを考えることも、それと似た部分がないだろうか。ゲームチェンジャーを生み出す発端になるビジョンとは、「洞察」「未来図」といった意味になるだろうが、それを考え出すには、まずベースとなる材料、すなわち「自分の中の引き出しを増やす」必要がある。

日々の仕事や任務を積み重ねていくことで、会社なら業務、軍隊なら術科（自衛隊なら職種か）に関する知識・経験は積み重なっていく。だが、それはあくまで、目の前の仕事や任務に対応するためのもの。それだけで新たなビジョンを生み出せるのかどうか。むしろ、固定観念を強化して、従来とはガラッと異なるビジョンを生み出す際には妨げになる可能性すらあり得る。

重要なのは、日々の業務や術科とは関係なさそうな、広範な知識・教養ではないか。これを「無用の用」といいかえてもいい。大学に「教養課程」というものがあるが、大学にいる間だけ教養課程があれば良いというものではない。社会に出てからも、文学、歴史、地理、科学技術、果ては神話や芸術に至るまで、さまざまな分野にアンテナを張って知識・教養を高めることが、何か新しいビジョンを生み出す際の「引き出し」を増やす効果につながらないだろうか。

ただし、その「引き出し」とは、「知識」というよりも「知恵」であるべきだろう。たとえば歴史を見る場合、「いつ、どんな出来事があった」という話を積み重ねるだけで、将来を洞察するビジョンを生み出せるかというと、疑問がある。これが学校のテストだったら、「〇〇という出来事は△△年に起きました」という話をワーッと覚えていれば、点数を稼ぐことができるかも知れないが。

そうではなくて、「この歴史上の出来事において、関係者は何を考えて、どういう行動をとり、その結果はどうなったか」という観点から物事を見る必要がある。そういう思索を積み重ねることで、自分が新たなビジョンを生み出すための土台ができるのではないか。

ここでは歴史をお題にしてみたが、他の分野でもやはり、「試験でいい点を取るための勉強」とは違う種類の取り組みが必要になるように思える。

するど次なる問題は、そのビジョンを具体的なものにするために何が必要か、という話になる。

ゲームチェンジャーを生み出せるのは機敏な組織

「成功することよりも失敗しないことの方が大事」「多数の関係者の間で根回しをしてコンセンサスを取ってから物事を進める」という組織では、誰もが納得できるような無難なものしか出てこなくなる。しかも仕事は遅くなる。

言葉を換えれば「全員の合議と賛成多数によって動く委員会方式」ともいえる。全員ないしは多数が賛同するようなアイデアは、たいていの場合、無難なものであったり、すでに前例があったりする。それだからこそ多数の賛同を得やすい。しかし、無難なもの、すでに前例があるものでは、ゲームのルールをひっくり返すことはできない。すでに存在するゲームのルールに則っているからだ。

いちいち根回しをしてコンセンサスをとらないと話が進まず、何かするのにいちいち書類を回さなければならないような組織では、意思決定に時間がかかるし、どうしても危ない橋を渡りたがらなくなる傾向が出てくる。すると前動続行、現状維持、良くても漸進的改良にとどまってしまう。すでに「こういうモノ」という枠組みがある程度定まっている製品やサービスなら、大組織が総力を挙げて取り組む方が良いかもしれない。だが、まだ「どんなモノだかよく分からない」という状況であれば、機敏に動ける小さい組織の方が向いている。

ロッキード（現在はロッキード・マーティン）が、スカンクワークスのような組織を作り、維持しているのはなぜか。エキスパートを集めた少数精鋭、かつ機敏に動ける組織の方が、ゲームチェンジャーとなり得る技術や製品を生み出すのに向いているからではないだろうか。

だから、ボーイングのファントムワークスやロールス・ロイスのリバティワークスみたいに、類似の「ほげほげワークス」がいくつも作られることになった。スカンクワークスの仕事のやり方が、型にはまらない、ビックリするような成果を生み出してくれる可能性がある、という気付きがあったからだ。

これは、軍事に限らずその他の分野にもいえることであろう。革新的な製品やサービスは往々にして、機敏な中小組織から出てくる。ＵＡＶを初めとする無人ヴィークルの開発も、大企業よりも中小企業の方が成果を挙げていることが多い。

ただし、中小企業が成果を挙げて事業の規模が大きくなってくると、今度は組織力や資本力がモノをいうようになってくる。そこで、Ｔｉｅｒ１クラスの大手が無人ヴィークルを手掛ける新興企業を傘下に収める、という図式はいくつも存在する。

たとえば、ボーイングは、スキャンイーグルを開発したインシツや、Ａ１６０ハミングバードを開

コラム

組織をいじるということ

筆者がマイクロソフトにいたときには、毎年のように組織改編（reorganizationを略して、reorgといっていた）があって、年度初めに作った名刺の大半が、翌年度には無駄になってしまっていた。いいかえれば、それだけ状況に適応しようとする工夫を凝らしていたということではないだろうか。最大限の成果を出させるために、どんな人材を、どういう風に組み合わせて、どういう指揮系統を構成するか。組織作りとは煎じ詰めると、そういう話であろう。

組織や指揮系統の見直しといえば、アメリカ軍におけるゴールドウォーター＝ニコラス軍改革法がある。この法律の登場が、今につながる大きな変革の契機になったのは間違いない。そのポイントは、軍令系統を大統領から各地域・各機能ごとの統合軍（Unified Command）に直結させるとともに、地域・機能ごとにすべての軍種を一人の指揮官の指揮下に置いた点にあると思う。これも、組織作りを最大限の成果につなげようとした一例といえる。

もっとも、形だけ整えてもダメで、そこで働く個人の意識まで変わらなければならないのだが。

発したフロンティア・システムズを買収して傘下に収めた。ゼネラル・アトミックス・エアロノーティカル・システムズ（GA＝ASI）も、元をたどればリーディング・システムズというベンチャーであり、それをゼネラル・アトミックスが買収したものだ。

ただし、小さい組織なら機敏であり、大きな組織であれば鈍重である、と決めつけるのも乱暴な話。何万人も社員がいる大企業でも、常に危機感を忘れず、新しいことにチャレンジしようとする気風があふれている事例はある。逆に、それほど大きな組織でなくても、官僚化してしまったり、保守的になってしまったりすることだってある。

主張の仕方ひとつで逆戻り

第3~6章で、戦場におけるゲームチェンジャーの例といえそうなものをいくつか取り上げた。実は、戦車にしろ航空機にしろ、今でこそ有用性が広く認識されているが、登場した当初はそういうわけでもなかった。そして、戦車や航空機の有用性を主張した、先見の明があったパイオニアが、組織内で冷や飯を食わされた事例もある。

たとえば、「戦艦VS航空機」という議論がある。アメリカ陸軍航空隊の指揮官として第一次世界大戦に参戦したウィリアム・〝ビリー〟・ミッチェルは、戦後、空軍独立論や戦艦無用論を唱えるようになった。なるほど、その後の歴史の経過を見れば、陸海軍とは別に独立した軍種として空軍を設立する形は、一般的なものになっている。

また、戦艦に対する航空機の優越についても、太平洋戦争の開戦劈頭に日本海軍の陸上攻撃機がイギリス海軍の戦艦「プリンス・オヴ・ウェールズ」と巡洋戦艦「レパルス」を撃沈した事例、あるいはその日本海軍の戦艦「大和」や「武蔵」がアメリカ海軍の艦上機によって撃沈された事例が実際にある。

ミッチェルは持論を立証する目的で、1921年の7月13日～21日にかけて大西洋上で、陸軍航空隊のマーチンMB－2爆撃機を用いて、戦艦などの実艦を爆撃する実験を行なった。この実験では確かに複数の艦が沈んでおり、「航空機によって主力艦を撃沈できる可能性」は立証できたといえる。

ただし、問題はその後だったのではないか。問題の爆撃実験では、標的艦は停泊状態（人が乗った艦を爆撃するわけに行かないのだから仕方ない）であり、回避行動もダメージ・コントロールもない状態だった。だから、実戦よりも沈めやすい条件にあったことは否定できない。そのことを踏まえた上で、「しかし、航空機が主力艦を撃沈できるポテンシャルはある」という話の持って行き方をしてもよかったのではないだろうか。

ところが実際には、あまりに強硬に空軍独立論を展開した結果として上層部の不興を買い、左遷、さらには予備役編入という結末になってしまった。ミッチェルの主張に間違いがなかったことは、後日の歴史が証明している。そして当局もそのことを認めたからこそ、第二次世界大戦後の1946年に、ミッチェルの除隊時の階級である准将から少将への昇任が実現している。ただ、いささか主張の仕方が急進的に過ぎたとはいえる。

似たような話は戦車についてもある。初めて戦車が戦場に現われたのは、前述のように第一次世界大戦のこと。その後の戦間期に、戦車の有用性に着目して、地上戦力の機械化と戦車の集中使用による機動戦の展開、という新たな理論が編み出された。しかし、そうやって戦車に着目した先駆者が軍

1921年に行なわれた米陸軍航空隊による実艦爆撃実験。MB-2爆撃機の投下した爆弾が、標的になった退役戦艦「アラバマ」に命中した瞬間（USAF）

ウィリアム・"ビリー"・ミッチェル准将。「空軍独立論」「戦艦無用論」を強硬に主張して軍上層部の不興を買い、左遷された（USAF）

の主流派から疎まれ、冷や飯を食わされた事例もある。

新しいものが出てきたときの反応

実は軍事の世界だけでなく、その他の分野にもありがちなことだが、新しいテクノロジーや装備体系（民間なら製品やサービス）、あるいはその萌芽が登場したときに、ありがちな反応としていくつかのパターンがある。

まず、「新しいものへの熱狂派」。新しいテクノロジーや装備体系が出てきたときに、「これでもう従来のテクノロジーや装備体系は過去のものになった、将来はみんなこれ（新しいテクノロジーや装備体系）になると熱狂して、従来のテクノロジーや装備体系の全否定に走るケース。先に挙げた、ウィリアム・ミッチェル少将による空軍独立論や戦艦無用論は、これに近いといえるかも知れない。

次に、「漸進的変化派」。つまり、新しいテクノロジーや装備体系に対して「いずれはこれが主流になるかも知れないが、いきなりすべてがひっくり返るわけでもなかろう。まだ進化や改良が必要ではないか」と考えて、従来のテクノロジーや装備体系から漸進的に移行する方が良いとする考え方。いいかえれば、従来のテクノロジーや装備体系に対して、全否定でもなければ全肯定でもない。

次に「拒絶反応派」。新しいテクノロジーや装備体系に対する拒絶反応が先行して、今あるテクノロジーや装備体系を固守しようとする考え方。「新しいものへの熱狂派」からはしばしば、抵抗勢力扱いされる。理論的にということもあれば、感情的・反射的ということもあるだろう。

多くの場合、「新しいものへの熱狂派」と「拒絶反応派」が衝突する。そして後者は組織の上層部から生じることが少なくないだけに、結果として後者が勝利を収めてしまうことになりがちである。

コラム

熱狂がバブルにつながると最悪

新しいテクノロジーや製品やサービスに対する熱狂は往々にして、過大評価、ひいてはバブルの発生につながる。それと「キャッチアップ型」が結びついたら最悪だ。

「海外ではこんな画期的な新技術、新製品、新サービスが出ている」と煽る人が現われると、次は「我が国も後を追わねば。バスに乗り遅れるな」「どうして我が国では同じものができないのか、同じものが存在しないのか」となる。そこに人が集まり、投資が殺到して、その新技術や新製品や新サービスを使うというだけでニュース種になる。しかしやがて、実体や実力が明らかになって熱が冷めてくると、バブル崩壊である。

バブル崩壊の被害は、単に投資が紙屑になるとかいう経済的損失だけにとどまらない。ときには、羹（あつもの）に懲（こ）りて膾（なます）を吹いて、新しいことに対して極端に懐疑的になったり、臆病になったりという反動につながる危険性も考えられる。そうなればもう、こちらからゲームチェンジャーを生み出して仕掛けてやろう、なんていう土壌がなくなってしまう。

といっても、ときには例外もある。いきなり民間の話に飛ぶが、日本経済新聞社や朝日新聞社における、活字を使う活版印刷からコンピュータを使う電算写植への移行がそれだ。日経にしろ朝日にしろ、現場からのボトムアップというよりも、先を見通せる眼力を備えていたトップによるトップダウン方式で、半ば強引に進められた。途中でスケジュール遅延や経費の高騰といった問題に直面して、「拒絶反応派」から叩かれる場面もあったが、最終的にはちゃんと結果を出した。おそらく、今では活字を組んで活版印刷をやっている新聞社は存在しないだろう。

ただ、立場の違いはあるにしろ、「新しいものへの熱狂派」と「拒絶反応派」が衝突したことに変わりはない。新しい仕事のやり方に移行しようとしても、すぐに全員が納得するわけではないことに違いはないのである。

まだ所要の技術や製品が未成熟だったら

実のところ、いわゆるアーリーアダプターによる「新しいものへの熱狂」が発生する時点では、その対象となる新しいテクノロジーや装備体系は未成熟であることが多い。未成熟であるうちに、いいかえれば10人のうち2人ぐらいしか賛成しないようなフェーズで、新しいテクノロジーや装備体系に目を付けるからこそ、アーリーアダプターであるわけだが。

その未成熟な状態でいきなり、それがゲームのルールをガラッと書き換えるような結果を生み出せるものだろうか。おそらく、そうならないことの方が多い。航空機で戦艦を爆撃する実験にしても、実戦で成果が出たのは四半世紀近く後の話である。その間に航空機の性能が向上して、より打撃力に優れた爆弾、あるいは魚雷を投下できるようになったおかげで、第二次世界大戦では戦艦が何隻も航空機に沈められた。

すると、新しいテクノロジーや装備体系がいきなりメインストリームに踊り出ることにはならない、といえる。まず一部の分野で試行してみて、不具合を洗い出したり、技術の熟成を図ったりすることで、結果としてメインストリームに進出する足がかりを作る。そういう流れをとることの方が多いのではないか。

よしんば「一夜にして新しいテクノロジーや装備体系が主流に躍り出た」ように見えたとしても、その前にはなにがしかの「仕込みの時期」「雌伏の時期」があると思われる。

だから、最初の段階では「拒絶反応派」の方が、どうしても有利な立場になる。新しいテクノロジーや装備体系が、未成熟ゆえにいろいろな不具合を起こすのは仕方ないし、そこが「拒絶反応派」がつけいるポイントにもなる。ただ、開発や熟成、活用するためのノウハウの定着、組織の変化、などといったプロセスを経ることで、ようやく風向きが変わってくる。

となると、単に「新しいテクノロジーや装備体系への熱狂」だけで物事が動くわけではないし、いきなり皆が納得するわけでもない、ということを念頭に置いておく必要がある。ゲームのルールを書き換えて敵をぶちのめすためには、まず目の前にいる味方を仲間に引き入れなければならない。過激な主張、大声の主張は人目を引きやすいが、それによって仲間を増やせるかどうかは、また別の問題である。

味方を増やすためのアプローチ――プレデター一族の事例

人間、どうしても「早く結果を得よう」「早く結果を出そう」と焦りがちになるものである。自分が所属している組織の現状に安住せず、危機感を抱いている人なら尚更であろう。そうした危機感は、新しいテクノロジーや装備体系に対するアンテナを敏感にすることにつながりやすいし、意識改革、組織改革のためのモチベーションにもなる。

ただし一方で、「急いては事をし損じる」ともいう。人目を引こうとして過激な言動に走ってしまったり、口を開けば上層部や対立勢力に対する批判ばかり口走ってしまったり、ということが続くと、往々にして疎んじられ、相手にされないようになる。

つまり、正論だけでは味方はできない。地道に味方を増やす努力も必要だろうし、「このタイミング、この状況なら受け入れられやすいのではないか」という機が熟するまでじっと雌伏して、待ち構えなければならないこともあり得る。

そうした事例のひとつを、ＭＱ－１プレデターＵＡＶがたどった道筋に見ることができる。ＤＡＲＰＡのアンバー計画にしろ、その後で開発したナット７５０にしろ、アメリカ軍の主流派からは見向きもされなかった、というのが実情であった。

しかし、バルカン半島の情勢が悪化して、なにか偵察の手段はないかということで、米中央情報局（ＣＩＡ：Central Intelligence Agency）がナット７５０に目を付けた。当初は見通し線圏内で使用でき

MQ-1プレデター UAV。当初は偵察用無人機を示すRQ-1と呼称されたが、武装可能に改良され、多用途無人機を示すMQ-1に変更された（USAF）

るデータリンクしかなかったから、データ伝送については制約が多かったが、後に衛星通信を導入することで解決した。それだけでなく、センサー技術が発達して可視光線カメラと赤外線カメラの両方を搭載できるようになったことで、昼夜を問わず、動画による実況中継が可能になった。

そこまで来たところでようやく上層部の目にとまり、誰もが現地からの動画の実況を見たがるという、いわゆる「プレッド・ポルノ」現象が現出した。それがその後の、プレデター一族の隆盛につながっている。

いったん、現場からの動画による実況が可能ということになると、次は「見つけたターゲットをその場でやっつけられないか」という話になり、ＡＧＭ－１１４ヘルファイア対戦車ミサイルの搭載につながった。

すると今度は、さらなるセンサー性能の向上や兵装搭載量の増加、航続性能の強化といった要求につながり、より大型化したＭＱ－９リーパーに発展した。

このことから分かるのは、「いったん威力を実証してみせることができれば、それまで関心がなかった人、あるいは反対派だった人をコロリと転向させられることもある」ということ。そして、「使い始めてみると、新たな実績や能力向上の要求につながり、結果として発展していくこともある」の2点である。そこでうまくチャンスを摑めるか、新たな要求に対応できるだけの技術的な素地はあるか、というところが問題になる。

プレデター一族の場合、センサー技術の発達や、ヘルファイアという（すでに実績があり、かつ導入済みの）ミサイルの存在、そして衛星通信というインフラ。これらが絶妙なタイミングで噛み合って、ゲームチェンジャーを生み出す結果になった。ひとつの歴史の教訓である。

第8章　ゲームチェンジャーの実現とＲＤＴ＆Ｅ

前の章では主として、「組織をどう動かしていくか」という観点から、ゲームチェンジャーの実現について書いた。しかしそれだけでは不十分で、ゲームチェンジャーを具体的なものとして形にするための、主として科学技術分野の研究開発、そして試験評価や戦力化（ＲＤＴ＆Ｅ：Research, Development, Test and Evaluation）といった課題もある。

賛同者が増えるようになってからでは手遅れ

ゲームのルールを書き換えようとするプロセスにおいて、彼我の得手・不得手をいかにして見出していくか。実のところ、難しいのはこれかも知れない。

客観的に、余計な先入観を取り払って「自陣営に何ができるか、自陣営は何が得意なのか、仮想敵に何ができるか、仮想敵は何が得意なのか」を見ることができないと、ゲームのルールを変えるという前提が崩壊する。

日本に限ったことではないが、防衛装備品の分野にもお洋服の流行と同じように「トレンド」のようなものがあって、ある国が何か新しい装備をこしらえたときに、他国が「こりゃいかん」といって後を追うようなことが起きる。

そこで、「あっ、他所がやってるから、うちもやらなければ」型の装備研究開発をやっているようでは、ゲームチェンジャーは生まれてこない。研究開発で失敗したり、難航したりしたときにいちいち難詰しているようでも、これまたゲームチェンジャーは生まれてこない。

「10人中8人が賛成するようなものに今から着手しても手遅れで、10人中2人ぐらいしか賛成しないようにものにこそ鉱脈が隠れている」「失敗することがあっても、そこで得られた知見、撒かれた種の中から大きな木が育てばよい」というぐらいの意識でやらなければならない。

だいたい、10人中8人が賛成するということは、その時点ですでに「成功のための公式」として広く認知されているということである。いいかえれば、それは「既存のゲームのルール」である。そこに後から参入したところで、先行者に追いつければ御の字、下手をすれば延々と周回遅れで追い続けることにしかならない。それでは、ゲームのルールを変えるなんて夢物語でしかない。

軍事組織だけでなく民間でも、ＤＡＲＰＡの研究開発モデルが注目されることがあるが、ＤＡＲＰＡが取り組んだすべてのテーマがモノになっているわけではない。統計を取ってみれば、むしろ「死屍累々」といえるのではないだろうか。ずいぶん昔にJane's Defence Weekly誌で報じられた「一週間ぐらい寝なくても済むようにする研究」なんていうのは、その一例であろう。これがモノになったという話は、とんと聞いたことがない。

しかし、ある技術が特定の時点でモノにならなかったとしても、技術が進化したり、新たな知見が得られたりといった事情により、後になってモノになる可能性はゼロではない。また、思いがけず別の分野で花開くようなこともある。ＤＡＲＰＡの研究成果が民間分野に波及して、広く使われるようになった一例としては、ｉＯＳデバイスでおなじみの「Ｓｉｒｉ」がある。

だから、ＤＡＲＰＡのような組織に求められるのは、技術の実現可能性や有用性を読んだり見通したりする「目利き」のような人材なのだ。実際、ＤＡＲＰＡがやっているのは「テーマの設定」や「予算の割り当て」であって、自ら科学者や技術者を擁して研究をしているわけではない。面白そうな技術、役に立ちそうな技術を持っている会社を活用して、成果を引き出すことに専念している。実際に研究開発を担当するのは、民間の大企業であったり、ベンチャー企業であったり、大学などの研究機関であったりする。

米軍の契約情報に時折姿を見せる、ＳＢＩＲ（Small Business Innovation Research）にも似たところがある。これは、革新的なアイデアを持っている中小企業を見つけ出して予算をつけて、具体的な成果物を引き出そうとする枠組みだ。

そこで難しいのは、実は「革新的なアイデアを見つけ出す」ところにある。つまり「ビジョンや運用コンセプト」と「所要の要素技術」と「それらを見つけ出して組み合わせる目利き」が揃って初めて、ゲームチェンジャーを送り出すことができる。

実現の基盤は科学技術研究

過去の歴史をひもといてみると、敵国、あるいは仮想敵国が強力な新兵器を持ち出してきたときに、それに対抗しようとした側は多くの場合、国を挙げて科学技術研究に血道を上げている。

具体的にいうと、研究機関を設置して研究活動を促進するだけでなく、教育機関の充実による人材の養成、文献類の充実、公然・非公然の情報収集活動などといった按配になる。そうした施策の中から、今の学術界でも用いられている、大学院課程、ゼミナール、資格証明としての博士号の制度化、などといった仕組みが生まれた。

ことに軍事分野で即座に必要とされるのは、応用研究であることが多い。しかし、応用研究が成果を生み出すためには、その前段階として基礎研究がちゃんとできていなければならない。

基礎研究にしろ応用研究にしろ、「よく分かっていないこと」「よく分かっていない部分があること」だからこそ研究の対象になるわけで、そのすべてが成功して成果物をもたらすとは限らない。ときには失敗したり、明後日の方向に行ってしまったりということもあるだろう。しかし、それをいちいち「資金の無駄遣い」「時間の無駄遣い」といって難詰するようなケチ臭いことをしていると、いずれは基礎研究も応用研究も成立しなくなってしまう。

そう考えると、昨今の日本の状況は「貧すれば鈍する」といえるのではないだろうか。研究してみたら成果が上がりませんでした、というのもまた、逆説的に見ればひとつの成果である。成果が上がらなかった研究に資金を投じたのがいけない、というわけではない。

明らかにインチキな、ニセ科学の類と分かるような研究に資金を投じることこそ悪である。だから、そういう胡散臭い研究で資金を集めようとしている輩を見抜く、一種の「目利き」が必要なのだ。繰り返すが、必要なのは「目利き」であって「仕分け」ではない。

また、人材の育成という話についていえば、「待遇」「社会的評価」という問題はいうまでもなく、さらにそれ以前の段階として「さまざまな研究分野があることを知ってもらい、研究活動の楽しさを知ってもらう」という課題を解決する必要がある。

欧米の大手航空宇宙・防衛関連メーカーの多くが、若者向けのＳＴＥＭ（Science, Technology, Engineering and Mathematics、科学・技術・工学・数学）教育支援、あるいはＳＴＥＭ分野の啓蒙活動に力を入れている。もちろん、その目的は自らの業界を支える有為な人材を育てることにある。だが、ＳＴＥＭ教育支援活動・ＳＴＥＭ啓蒙活動を通じて科学技術の分野に関心を持つ若者が増えてくれれば、航空宇宙・防衛産業界のみならず、社会全体にとってのプラスにもなる。

こういう活動は、即座に成果に結びつくわけではないだろうが、長期的に見れば何らかの果実につながるであろう。その「何らかの果実」のひとつに、ゲームチェンジャーの創出を期待してみても、バチは当たるまい。

とはいえ、チャレンジングなことをやり過ぎて組織が傾いてしまっても、それはそれで問題がある。たとえば、研究開発のテーマが10あるときに、その一部でチャレンジングなテーマに取り組み、その一方で堅実そうなテーマにも取り組む、というのはひとつの考え方かも知れない。ちょうど、第二次世界大戦中にアメリカ海軍が、尖った性能を持つF4Uコルセアと、堅実なF6Fヘルキャットを並行して開発・配備したように。そういう方向性を定めて実行に移すことは、組織の上層部でなければできない。

ニーズと技術が噛み合うこと――レーダー開発の事例

過去の「これぞゲームチェンジャー」という事例をひもといてみると、キーポイントがいくつかあるのではないか、と考えている。それは、「こういう問題を解決したい」というニーズ、あるいは「こうすることで有利に勝ちたい」というビジョンの存在。そして、そこにニーズやビジョンを実現するための要件を備えた技術や製品を持ち込むこと。この両者がうまい具合に噛み合うことで初めて、ゲームに勝つためのお膳立てが整う。いくら立派なビジョンがあっても、いくら切実なニーズがあっても、それを実現できる技術や製品がないのでは、話は始まらない。

たとえば、「夜間に戦えば敵に不意打ちを仕掛けられるのではないか」というニーズがあっても、夜間の状況認識や航法を実現するための手段を伴わない限り、それは画餅である。それを迎え撃つ側には、「夜間に侵攻してきた敵を迎え撃ちたい」というニーズが発生するが、これまた事情は同じである。

夜間航空戦の場合、その「状況認識を実現するための手段」とはすなわちレーダーであったし、「航法を実現するための手段」とはすなわち無線航法支援システムであった（第3章の「電波兵器と電子戦」の項を参照)。

そこで、第二次世界大戦の前に起きていた、レーダー開発の事例を見てみることにしたい。

電波の存在が明らかになってから、「電波を用いた探知・距離測定が可能ではないか?」という発想が生み出されるまでには、さほどの時間を要していない。電波の存在を確認したドイツ人のヘルツは、当初から電波が光と同じ性質を持ち、金属物体によって反射されることを確認していた。ただ、物理現象だけ確認しても、それをどう応用・活用するかは別の問題である。

同じドイツ人のクリスチャン・ヒュルスメイヤーが1904年5月10日に、「電波を用いて船を探知する衝突防止装置」のデモンストレーションを実施した。このとき使用したのは、火花放電を用いて電波を出す装置と、出した電波を受信する装置の組み合わせで、一式をジンバルに載せていた。これは、揺れる船上でも装置を安定化させるためである。これを使って実際に、探知して警報を鳴らしてみせることはできたが、船会社からの注目を集めるには至らなかった。

アメリカでは1922年に、マルコーニが「電波を使用すれば障害物の検出が可能」との記事を無線雑誌に寄稿したほか、米海軍研究所の所員が無線通信の実験をしているときに、「近くを船が通ると通信が乱される」という現象を発見、このことから「探知手段としての応用もできるのではないか?」と考えた。しかし海軍は興味を示さなかったという。

当初のレーダーは連続波を使用するもので、送信波と受信波の干渉を用いて目標を検出するという仕組みだった。反射波が戻ってこなければ干渉は発生しないが、反射波が戻ってくれば干渉が発生するという理屈である。しかし、確実な探知という点でネガがあるのは否めない。

結局、レーダーが実用的な製品になるには、安定して電波を出すことができる三極真空管、特定の周波数の電波を選択して受信できる回路、そして間欠的に電波を出して送信と受信を繰り返すパルス波、という要素が出揃う必要があった。

それらを活用することで、レーダーという具体的な兵器体系をモノにしたのは、イギリスであったといえる。それが有名なＣＨ（Chain Home）レーダー網である。もともと、空軍省が国立技術研究所の技術者、ワトソン・ワットに「殺人光線はできないか」と尋ねたのが発端で、これに対してワットは部下からの報告に基づいて「殺人光線は無理だが、航空機が通ると短波通信が乱される」という現象について報告した。そこから「電波による航空機の探知」という具体的なシステムに話が進んだのである。

一方で、「イギリスに敵機が侵入してくると、イギリス軍がそれを迎え撃つ前に敵機が任務を達成してしまう」という問題が露見していた。そこから「侵入してくる敵機を探知する手段が欲しい」というニーズが明らかになっていた。

この両者が結びつき、かつ具体的な装備として実用化できるだけの技術基盤が整い、それを推進するだけの眼力を備えたトップがいたこと。それが結果として、イギリス空軍の戦闘機兵団が世界で初めて「レーダーを中核とする防空指揮管制システム」を実現することになった。

ポイントは、「目の前にある技術や現象（この場合には電波の反射）」を「探知手段」というニーズと結びつけることができた点にある。低い周波数の電波を使用していたことから、ＣＨレーダーの探知精度は大したものではなかったが、イギリス軍はそれを別の方法で解決した。

英本土防空の要、チェイン・ホーム・レーダー網を構成した施設のひとつ、サセックス・ポーリンのレーダー・アンテナ群（雑誌「丸」）

1943年の英空軍第10戦闘機群の作戦指令室。大きな地図の周囲でWAAF（婦人補助空軍）の隊員たちが各地のレーダー施設等からの報告をもとに彼我の航空部隊の位置を示す駒を動かしている（雑誌「丸」）

これ以外にも、1920年代の末期あたりから、「電波の反射を用いる探知」についてはさまざまな国が目をつけて研究を進めていた。だから、どこか特定の国だけが先行してレーダーを開発・実用化したというわけではない。結局、あちこちの国で似たようなことをやっていた。

だから、レーダーは決してイギリス軍の専有物ではなかった。第二次世界大戦が始まった時点で、すでにドイツ海軍のポケット戦艦「アドミラル・グラーフ・シュペー」や「アドミラル・シェーア」はレーダー装置を載せていたが、これはドイツ海軍が1934年に設立したジーマという会社の製品だった。また、フランスでは客船「ノルマンディ」にマイクロ波レーダーを載せて処女航海に送り出したが、航海中に壊れてしまったという。

ただ、イギリスがうまくやったのは、複数のレーダーでイギリスの海岸線全域をカバーするだけでなく、複数のレーダー・ステーションからの探知情報を集約して整理する「フィルター室」を設けたことだ。それによって初めて、全国ネットでの的確な状況認識が実現した。

単に、複数のレーダー・ステーションからの探知報告を列挙するだけでは、全体状況は見えない。なぜなら、同じ目標を複数のレーダー・ステーションが同時に探知している可能性があるからだ。その問題を解決するには、情報を集約して整理するとともに、誰が見ても一目で分かるような形で表示する道具立てが必要になる。

そこでイギリス軍は、レーダー・ステーションとフィルター室と戦闘機基地を通信網でつなぐことで、迅速な状況認識と指令の発出を可能にした。敵機を探知できても、その情報を有効活用できなければ意味がない。当時のイギリス空軍は、そこのところをちゃんと理解していたのである。

もちろん、先にニーズがあり、それを解決するための見通しを立てた上で技術開発に取り組むという形態もある。しかしすべてがそのパターンに当てはまるわけではない。ときには、既存のニーズと既存の技術が、アイデアひとつで結びつく事例もあるということを、念頭に置いておきたい。

技術とニーズを結びつける目利きの存在

ただ、ニーズやビジョンと、それを実現するための技術や製品が、一見したところでは無関係な存在のように見えて、互いに離れた状態に置かれてしまっている、ということも起こり得る。

同じ技術でも、考え方次第、アイデア次第で、軍事利用も民間利用もできる、とは筆者が常々主張していること。同じ軍事利用、あるいは民間利用でも、アイデア次第で、予想もしていなかったような応用が考え出される可能性がある。その結果として、ニーズやビジョンとうまく噛み合ってゲームのルールを書き換えることができたら、もう万々歳である。それを実現するには、「目利き」の存在が欠かせない。

その典型例が、先に第5章の「対レーダー・ステルス技術」の項で取り上げた、電磁波の回折現象に関する論文を活用したステルス機の設計ではないだろうか。

「RCSを効率良く知りたい」というニーズがあるところに、ユフィムツェフ論文の存在を知り、

「この論文の内容は目の前の問題解決に応用できる」と気付いた人がいたから、実現できた話である。ただし、最初のうちはコンピュータの計算能力が不足していたが、これはムーアの法則が解決してくれた。

つまり、ゲームチェンジャーを実現する際に不可欠なのは、固定観念にとらわれない柔軟な思考と、それを支える幅広い視野、そして広い範囲をカバーできるアンテナを備えた「目利き」の存在ということになる。「この技術でできることは、これこれである」という固定観念に凝り固まらず、突飛な応用を考え出すことが、結果としてゲームのルールを書き換えることにつながるかもしれない。絶対にそうなるとは断言できないにしても。

ＤＡＲＰＡのキモとは実のところ、この「技術に対する目利き」の強さではないか。軍民を問わず、直面している課題の解決に応用できそうな研究テーマを発掘してくるには、相応の嗅覚が求められるはずなのだ。

ただし注意しなければならないのは、話の順番である。しつこく書くが、先に技術開発があって、それができあがったり目処が付いたりした時点で「さて、これで何をしようか」ではない。技術は手段であって目的ではないのだから、まずは目的・本書のテーマでいえば、自陣営の得意な分野を活かしてゲームのルールを変えること、が先にあるのが筋である。平素から、「こういう形でゲームのルールを変えたい」という考えがあり、その上でさまざまな技術を見ていく過程で「これが使えるのではないか？」と思いつく。それをやるのが目利きの仕事である。

あえて異分野に人材を求める――瓶詰・戦車・暗号解読

組織だけでなく、その組織を構成する人材についても、機敏さや革新性が大事、ということがいえるのではないか。

これはもちろん、同じ組織に長く奉職して「この道ひと筋、何十年」という人がダメな仕事しかできない、という意味ではない。しかし、たとえば軍が画期的なゲームチェンジングテクノロジーを求めたときに、軍の研究所だけに任せるのと、外部の民間企業にも目を向けるのと、どちらが成果につながりやすいだろうか。

人間、誰しも同じ組織で長く勤めていると、その組織のやり方に染まってくるし、考え方に決まり切った「型」ができてくる傾向から逃れるのは難しい。画期的な新技術、画期的な新製品を求める場面では、そのことは障害になり得る。むしろ、「こういう問題を解決する手段が欲しい」といって、広くアイデアを募る方が成果につながるかも知れない。

ナポレオン時代のフランスで瓶詰が生まれたときの経緯が、まさにこれ。ナポレオンがやったのは「フランス軍を強くするためのアイデアを求める。採用したら1万2000フランを出す」というだけだ。もちろん、このカネに目がくらんだのか(?)、奇人変人がたくさん集まっては珍アイデアを披瀝することの繰り返しになったわけだが、そうした中に「瓶詰」という宝石が含まれていたのだから、終わり良ければすべて良しである。

そこで宝石をちゃんと拾い出すことができたのは、審議を担当した委員会の中に優れた目利きがいたためである。一見したところでは突拍子もないアイデアに見えても、それを目の前にある問題の解決と結びつけられることはある。それをできるのが、優れた目利きである。

似たような例は他にもある。イギリス陸軍が第一次世界大戦のときに戦車を開発させたのは、なんと海軍だった。最初のコンセプトは「ランドシップ」、つまり陸上を移動するフネみたいなものだったというから、それで海軍にお鉢が回ったのだろうか。

もっとも、この種の話は、「既成観念にとらわれている既存の組織がやりたがらず、仕方なく別の組織にやらせたらうまくいった」という場合もあるのだが。

同じイギリスで外部に人材を求めた事例というと、第二次世界大戦中の暗号解読がある。人脈をたどって学術界に人材を求めただけでなく、新聞に広告を出したところが面白い。といっても、そのものズバリで「暗号解読者募集」とやるわけにも行かない。

そこで、「クロスワードパズルが得意な人には、暗号解読の仕事に向く素養があるのではないか」という考えの下、新聞にクロスワードパズルを載せて回答を募ったというのが面白い。そして、優秀な回答者の中からさらに選抜をかけて、合格した人をブレッチェリー・パーク（政府暗号学校の所在地）に送り込んだというわけだ。

国によっては、「軍の任務に関わる仕事を民間人にやらせるわけにはいかない」といって、内輪でなんとか解決しようとした事例もあるだろう。では、それで果たして良い結果が出たのか。必要に応じて柔軟な対応をとれるところに、イギリス軍の怖さがあると感じるのは筆者だけだろうか。

DARPA○○チャレンジのポイント

そういう観点からすると、DARPAがいくつか開催している「○○チャレンジ」というイベントの意味が見えてくる。既存の防衛関連メーカーや軍の研究機関だけでなく、広く民間からアイデアを募り、成果につながるものなら拾い上げてみようというわけだ。

そこでポイントになるのは、ただ単に「アイデア募集」とするのではなく、「競走」という形でイベントとして盛り上げて、楽しみながら成果を出そうとしている点ではないだろうか。無論、賞金というニンジンを目の前にぶら下げて。

たとえば「DARPAグランド・チャレンジ」では、無人車両による競走というテーマが設定された。参加チームは、設定された条件に対応できるような無人車両を開発して、出走させる。首尾良く優勝できれば賞金が転がり込んでくる。技術的な挑戦に惹かれて、あるいは賞金に釣られて（さすがにそれだけということはないか?）参加チームが集まれば、その中に鉱脈が埋もれている可能性も高くなる、と期待できる。

よく知られているとおり、2004年3月13日に行なわれた第1回目の「DARPAグランド・チャレンジ」では、もっとも長く走った参加車でも12kmぐらいしか走れず、ほとんどの参加車が10km足らずの間にリタイアするという惨憺たる結果に終わった。ところが、2005年に開催した第2回目の「DARPAグランド・チャレンジ」では、なんと5台が完走して、スタンフォード大学のチーム

左が、米空軍からDARPAグランド・チャレンジにエントリーした無人車両 "Spirit of Las Vegas,"。ホンダの全地形車両を改造して、自律走行が可能な無人車両に仕立てた。自律走行のために必要なセンサーを取り付けるため、車体の上にヤグラを組んでいる（USAF）

が２００万ドルの賞金を獲得した。

ＤＡＲＰＡグランド・チャレンジはここまでとして、その次はカリフォルニア州内の元空軍基地で２００7年11月４日に、「ＤＡＲＰＡアーバン・チャレンジ」が開かれた。これはＤＡＲＰＡグランド・チャレンジよりも難度が高く、市街地で障害物を避けながら走らなければならない。

いずれのイベントにしても、当初の失敗から得た知見の活用、あるいは技術やノウハウの進歩といった要因は当然ながらあったはずだ。しかしそれだけではなく、「賞金をぶら下げて競走させて、楽しくイベントを盛り上げる」というやり方が、いかにもアメリカ流である。

最近でも似たような例はあり、たとえばイギリス軍の研究機関・ＤＳＴＬ（Defence Science and Technology Laboratory）が

２０１９年２月13日に、「ＵＡＶ群制御ハッカソン」（Swarming Drone Hackathon Challenge）の開催を発表した。

米空軍研究所（ＡＦＲＬ：Air Force Research Laboratory）ならびにライト・ブラザーズ研究所（ＷＢＩ：Wright Brothers Institute）と組んで実施するもので、山火事対処のために小型ＵＡＶの群れを活用する方策を求める、という趣旨である。

ハッカソンというと一般に馴染みが薄い言葉だが、ソフトウェア開発者の間ではなじみ深い。プログラマー、グラフィック・デザイナー、ユーザー・インターフェイスの設計者、プログラム・マネージャといった、ソフトウェア開発に関わるさまざまな職種の人が集まってチームを作り、限られた時間の中で課題解決を競い合うというイベントである。時間制限がついているので、当然ながら集中力を発揮して短時間の間に結果を出さなければならない。これもまた、「ＤＡＲＰＡ○○チャレンジ」と同様に、ある種の「競走」である。

中国がこれまでに何をしてきたか

そういう意味では、今の中国はかつてアメリカがたどってきたのと同じ道を歩んでいる部分がある。まず「四つの近代化」を掲げて、基礎科学研究の分野に官費を投じるとともに、人材育成のための組織作りや、海外から最新の知識を得るための官費留学といった施策を講じた。

次に、自国の膨大な人口を、いわば「餌」にして、その巨大市場の可能性を見せつけることで、海外からの投資を呼び込んだ。ただしそれには、技術情報の開示などといった付随条件がくっついていた。これは科学技術研究の成果を手に入れようとする公然の窓口だが、さらに非公然の窓口も活用したであろうことは、容易に想像できる。それを公式に認めることはないだろうけれど。

そういった、さまざまな努力の成果が結実して、驚異的な経済発展やハイテク企業の勃興、さまざまな新兵器の開発、といった状況を生み出したわけである。その過程で、ライバルよりも自国の方が得意とする武器は何かという観点から、サイバー攻撃を多用するようになったところは、まさに中国流儀のゲームチェンジである。

問題は、そこから先の部分にある。つまり、既存の世界秩序に公然と反旗を翻し、中国が主導する新たな世界秩序を打ち立てようと目論んでいる（ように見える）ところが問題視されるようになってきている。その背景には、科学技術力や軍事力の相対的なレベル低下が原因で自国を蹂躙された、19世紀から20世紀初頭にかけての出来事が影響しているのは、まず間違いのないところであろう。二度と再び、同じ歴史は繰り返させないというわけだ。だが、その話を始めると本書の本筋から外れるので、ここでは触れずにおく。

勝ったと思うと負けになる

第1章で「ゲームチェンジの成功体験がもたらす破滅」ということを書いた。実は、「新しいテクノロジーへの熱狂」が結果として定着に結びついた場合、そして何か画期的な成果を挙げた場合に、今度は「成功の虜囚」になってしまう可能性がある点に注意する必要がある。どういうことか。
自分が早い時期から目を付けていた、新しいテクノロジーや装備体系が素晴らしい成果を収めたことで、今度はその、新しいテクノロジーや装備体系による成功に対するこだわりが生まれてしまうということである。こだわりだけならまだしも、さらに新しいテクノロジーや装備体系が出てきたときに、それに対する拒絶反応に回ってしまう可能性すらある。「自分が大成功させた○○の方が良いではないか」というわけである。

ビジネスの世界にはありがちである。「市場を席巻した新製品にあぐらをかいた結果として、別のメーカーが画期的な新製品をぶつけてきたときに対応が後手に回る」というケースだ。「ゲームチェンジの成功体験がもたらす破滅」で書いた話の繰り返しみたいになってしまうが。

筋論からいえば、新しいテクノロジーや装備体系によって大成功を収めたとしても、常にそれをリセットしてゼロベースで次に向かえる人や組織が強い。そこまで行かなくても、成功に安住せずに、常に新たなチャレンジを欠かさず、新たな脅威やライバルが出現する可能性を念頭に置いていられる人や組織は強い。

でも、それは言うは易く、行なうのは難しい。ひとたび、大きな成功を収めてしまえば、えてして「次も、そのやり方でいいじゃないか」という声は強くなる。

先に、マレー沖海戦の例を挙げた。なるほど、日本海軍の陸上攻撃機はイギリスの主力艦を首尾良く撃沈できたが、その背景には、英艦に上空直衛の戦闘機がついていなかった事情、そして当時の対空火器の威力水準が低かったことを無視してはいけない。

それを無視して「陸上攻撃機を差し向ければ敵の主力艦など鎧袖一触」と勘違いすると、直衛の戦闘機が襲いかかってきたり、VT信管付きの砲弾が飛んできたりして、貴重な陸上攻撃機を持って行っても、持って行っても、バタバタと撃ち落とされるようなことになってしまう。これもある種の「成功の虜囚」とはいえまいか。

失敗したときは当たり前だが、成功したときでも、「どうしてそうなったのか、何か改良できる点・改良すべき点はないか、敵が違う手を打ってきたらどうするか」といったことを考え続けないと、本当に「成功の虜囚」になってしまう。

失敗に対する不寛容、の弊害

ゲームチェンジャーを送り出して勝利につなげることができれば大成功、それが最善のシナリオとなる。ただし、勝利に溺れたり驕ったりしてはいけない。それは「成功との向き合い方」という話だが、一方で、「失敗との向き合い方」という話もある。

新しいテクノロジーや製品が出てきたときに、「周囲の説得に成功して試してみることができました。でも、うまくいきませんでした」なんていうのがそれだ。また、「研究開発に取り組んでみたものの、成果につながりませんでした」ということもあり得るだろう。

そもそも研究開発というのは、「まだ分からないからやる」「まだモノになっていないからやる」という種類のものである。当然、順調に進まなかったり、失敗したりする可能性もついて回る。ただ、そこで失敗したことを難詰したり、「国費の無駄遣い」などといって非難したりすることは、結果としてその後の研究開発の足を引っ張ることになる。

それらが行き着く先は、「モノになるかどうか分からないけど、やってみよう」というチャレンジ精神の喪失、そして「他所で新しい何かが登場したときに後追いして、『うちならもっとうまくやれる』という形の研究開発」ばかりになる事態であろう。

だが、すでに他所の誰かが手をつけていることを後から追っても、ゲームチェンジャーにはなり得ない。せいぜい置いてけぼりにならずに済む程度である。

新しいテクノロジーや製品を試す場面も同様であろう。まだ実績がない、新しいものなら当然、うまくいかない可能性も高くなる。試してみてうまくいけばいいが、うまくいかなかったときに「こんなのダメだ」といって安直に放り出してしまい、また別のテクノロジーや製品を追いかけ回すようなやり方でよいのかどうか。

また、失敗に対する不寛容から、「当事者が失敗を失敗として認めたがらない」事態につながる可能性も懸念される。失敗したときに、それを失敗したと認識した上で、「なぜ失敗したのか、何がいけなかったのか」を真摯に暴き出さないと、次につながらないし、最終的な成功に結びつけることもできない。実のところ、「失敗は成功の母」ぐらいの意識がないと、自ら能動的にゲームのルールを書き換えることはできない。

もちろん、ときにはきっぱりと見切りをつけなければならない場面もある。アメリカ海軍が対空戦闘システムを開発する過程で、チャレンジングかつ複雑に過ぎたタイフォン・システムに見切りをつけて、改めてイージス戦闘システムの開発に乗り出した件が典型例といえる。

ただしそこで着目しなければならないのは、タイフォンの失敗で得た教訓を、イージスの開発ではちゃんと反映させた点にある。いきなり大風呂敷を広げるのではなく、最初は基本的なところから堅実に作り、試験と熟成を重ねる。そうやって使えるものができたら、次の段階にステップアップさせる。その繰り返しによって、今のような高い信頼性を備えるシステムに仕上がってきた。最初から大風呂敷を広げていたら、こんなことにはならなかっただろう。

ゲームチェンジに終わりはない——イージス戦闘システム

何か画期的な製品、あるいはアイデアによって「ゲームチェンジ」を成し遂げたとしても、そこに安住していると、また別のゲームチェンジャーが出てきて卓袱台をひっくり返されることになる。だから、ゲームのルールを書き換えてやったぞ、といって安心していると足下をすくわれる。

冷戦中、ソ連海軍はアメリカ海軍の空母戦闘群に対抗する際に、（一応は自前の艦隊航空戦力を実現しようとする努力も進めたものの）航空機や艦艇に大量の対艦ミサイルを搭載するという、別方面からの対策に出た。エイラート事件によりＮＡＴＯ諸国が衝撃を受けたことから、この施策は相応の成果を収め得たと評価することができる。

しかしその後、ＮＡＴＯ諸国も対艦ミサイルの開発を進めるとともに、対抗策としてＣＩＷＳ（Close-In Weapon System）を導入、さらに同時多目標交戦能力を備えたＡＥＧＩＳ（Advanced

ニュージャージー州ムーアズタウンにある、米海軍の試験施設（CSEDS：Combat System Engineering Development Site）。イージス戦闘システムを構成するハードやソフトは、まずここで試験を行なう。新規開発でも不具合の解決でも、重要な役割を果たしている施設だ

Electronic Guidance and Instrumentation System）、PAAMS（Principal Anti-Air Missile System）、APAR（Active Phased Array Radar）ベースのNAAWS（NATO Anti-Air Warfare System）といった具合に、さまざまな防空指揮管制システムを送り出した。その結果として、対艦ミサイルによる飽和攻撃というだけでは、ゲームチェンジャーとしての神通力を発揮できない状況になってしまった。

ただし、大半の艦対空ミサイルやCIWSは、試験では良好な成績を収めていても、まだ実戦で対艦ミサイルを叩き落とした事例がない点には注意が必要だが。

面白いのは、イージス武器システム（AWS：Aegis Weapon System）は弾道ミサイル防衛にも版図を広げて、当初に想定していなかったであろう領域まで活躍の場を広げていることだ。ソ連の側から見れば、「対艦ミサイル

による飽和攻撃でゲームのルールを変えてやったぜ」のはずが「対艦ミサイルどころか弾道ミサイルまで迎撃される」という話になってしまい、「藪をつついたら大蛇が出た」という状況になってしまったといえるかもしれないが。

中国は、対艦弾道ミサイルや対艦巡航ミサイルを駆使したアクセス拒否・地域拒否（Ａ２ＡＤ）によって米海軍の空母打撃群（ＣＳＧ：Carrier Strike Group）を自国の近隣に近付けないようにする手に出ている。それに対してアメリカ海軍は、ＳＡＧ（Surface Action Group）や潜水艦の活用で張り合おうとしているが、その背景にあるのはハードウェアではなく「分散打撃（distributed letharity）」というビジョンである。相手国と同じ土俵に乗らずに、自国が得意とする分野をテコにしてゲームのルールを書き換えようとしているところは、双方に共通する。

もしも、このアメリカ海軍の狙いが当たって、思い通りにやれなくなれば、今度は中国が別の手を繰り出してくるだろう。そういうものである。いわば、ゲームチェンジャーのぶつけ合いだ。

今でこそ、艦載対空戦闘システムの王者として評価を確立しているイージス戦闘システムだが、最初から完成品だったわけではない。これが世に出た１９８０年代の後半には、いろいろと不具合や誤作動を起こして叩かれていたものである。そこで関係者が簡単に諦めずに、地道に問題解決と改良を継続したからこそ、今の信頼できるシステムに仕上がったのだ。そうなってからのことしか知らないと、最初から完全無欠の製品ができたのだと勘違いしてしまうかも知れない。それは危険な勘違いである。

第9章　ゲームチェンジャーをぶつけられたらどうするか

ここまでは基本的に「こちらからゲームチェンジャーをぶつけて勝つ」という視点に立脚して書いてきた。しかし当然ながら、相手側も同じことを考えているものと思わなければならない。自分がゲームチェンジャーをぶつける可能性があるということは、相手側が自分にゲームチェンジャーをぶつけてくる可能性がある、ということでもある。そんなことになったらどうするか。

逆も当然ながらあり得る

ここまでの章では、「こちらからゲームのルールをひっくり返すために、ゲームチェンジャーとなる、新たな技術・装備・製品・サービスをぶつける」という前提で書いてきた。しかし当然ながら、逆のパターンもあり得る。つまり、「敵対勢力やライバル企業が、ゲームのルールを書き換えようとして、新たな技術・装備・製品・サービスをぶつけてくる」という展開である。

「つねにゲームのルールはこちらからひっくり返すものであり、相手方からひっくり返しに来ることはない」と考えるのは大間違い。「つねに誰もが、ゲームのルールを自陣営にとって有利なモノにするべく画策している」と考えなければならない。物事はお互い様なのである。

また、自陣営がゲームチェンジャーを送り込んで情勢を一変させた……と思っていたら、敵対勢力やライバル企業の方が、その新たなゲームのルールに上手に適応してしまい、「返り討ちに遭う」という可能性もあるわけで、それについてはすでに延べた具体例もある。

「敵対勢力が、こんな画期的な新兵器を送り込んできた。えらいこっちゃ」となったときに、どう対応するか。それがこの章の主題である。

同じものを作って対抗する？

ちょうどこれを書いている2019年の時点では、中国やロシアが極超音速滑空飛翔体の開発に力を入れている。アメリカにとってみれば、それはゲームチェンジャーとなり得る存在で……という話は先にも書いた。そこでアメリカでも、極超音速滑空飛翔体の開発計画をいくつも立ち上げて、後を追っている。

というと正確ではなくて、実はだいぶ前からいろいろな極超音速関連プログラムは走っていた。ただ、中露の極超音速飛翔体開発が具体的なものになって顕在化してきたため、対抗すべく発破をかけるようになったというのが正しいだろう。

そのアメリカの対応が適切かどうか、という話は別として。一般論として、「敵対勢力が画期的な新兵器を送り込んできたから、こちらも同じものを作って対抗する」というのは、果たして正しいやり方なのかどうか。それを考えてみたい。

もちろん、こうした考え方が成立する場面は存在する。たとえば、核兵器と弾道ミサイルの組み合わせがそれである。A国が弾道ミサイルと核兵器の組み合わせを保有しているが、A国と対立しているB国にはそれがない。それでは一方的である。

しかし、B国も弾道ミサイルと核兵器の組み合わせを保有していれば、核兵器の破壊力の大きさと、弾道ミサイルの迎撃の困難さといった要因により、相互確証破壊理論が成立してバランスがとれる、という考え方が成立するし、実際にアメリカとソ連の間ではそういうことになった。

また、同じことをやろうとして、さまざまな制裁措置を必死になってかいくぐり、技術者・科学者の尻を叩いているのが北朝鮮であることは論を待たない。これはまさに、「相手と同じものを持つことでパリティに持ち込む」戦略である。ただ、それが成立するのは、核兵器保有国同士の相互確証破壊理論が、確かなものとして認識されているからである。すべての武器体系について、同じ考え方が成り立つわけではない。

だから、あらゆる場面において「同じものを作って対抗する」という考え方が成立するわけではない点を考慮に入れる必要がある。基本的には、「後から追いかけても追い越せるという成算がある」場合でない限り、後から同じものを手に入れようとしても、不利な立場は変わらないのではないか。

コラム

すごいと思わせれば、とりあえず勝ち？

これは、世に出た瞬間に〝実戦〟の場に放り込まれる、民間向けの商品やサービスでは使えない手だが。

軍事力、あるいはウェポン・システムの場合、仮想敵国の関係者や朝野が「これはすごい」「これはゲームチェンジャーだ」と思って、ビビってくれれば、とりあえず抑止力として、あるいは威嚇の手段として機能できるという一面がある。そのために、国営メディアなどを使った宣伝戦を繰り広げることだってあるだろう。

もちろん、それも程度問題で、本当にゲームチェンジャーになる、あるいはなり得る実力を秘めているかどうかは別の話だが。

あまりにも露骨なハリボテでは駄目だが、「本物かも知れない」と思わせる程度のものであれば、事情は違ってくる。同じ「国産ステルス戦闘機」でも、イランの「ガーヘル313」と、ロシアの「Su－57」あるいは中国の「J－20」に対する反応がどう違うかを考えてみれば、理解はしやすい。

後になって情報がいろいろ出てきてから「すごい脅威だと思われていた○○は、実は大したことなかったんじゃないの」という話が出てきたとしても、まさに後の祭り。必要なときに脅威として認識されて、相手をビビらせることができれば、それでちゃんと役に立つ。

ただ、この手の「○○脅威論」は、それを受けて立つ仮想敵国の側にとっても国防予算増額などの恩恵をもたらしてくれる（こともある）ので、あまりヘッポコでも困るという一面がある。

新兵器に対して別の対抗手段をぶつける

すると、「敵対勢力がゲームチェンジャーを送り込んできたのであれば、こちらはそのゲームチェンジャーを無力化する策を立案する」という選択肢が存在するはずなのだ。

アメリカが中心となって開発を進めているミサイル防衛システムは、中国やロシアの立場からすると、弾道ミサイルに核兵器を組み合わせた戦略核兵器を「無力化する策」とみなされている。かつての「戦略防衛構想」（ＳＤＩ：Strategic Defense Initiative）からＧ－ＰＡＬＳ（Global Protection Against Limited Strikes）を経て現在のミサイル防衛システムに、という流れと、それに対する各国の反応を見ていると、そういう見方が成立する。

すると当然ながら、敵対勢力の側では「無力化する策」を無力化しなければ、という考えに至る。ロシアが、東欧や日本への配備計画が進むイージス・アショアにあれこれと難癖をつけているのも、そうした努力を（技術的な手段ではなく政治的な手段で）実現しようとしているものだといえる。

ここでは弾道ミサイルと核兵器の組み合わせを引き合いに出したが、他の分野でも同様であろう。第一次世界大戦の後でワシントン軍縮条約ができて「ネイバル・ホリデー」が実現したのも、軍縮条約という「別の手段」で仮想敵国の主力艦戦力に縛りをかけたものである。ということでもうひとつ、分かりやすい「パワー」の例として、航空母艦のことを考えてみたい。

空母には空母、が正解なのか？

最近、日本の朝野では「中国海軍が空母を建造しているから、こちらも空母を建造する必要がある」という論がある。だが、使える資金にも人手にも大差がある状況下で、同じやり方で付き合って勝てるものなのか。個人的にはかなり疑問だと思っている。

しかも空母というのは、艦だけあれば用が足りるわけではなくて、十分な戦闘力を備えた搭載機を、十分な数だけ確保する必要がある。艦に載る分だけではなく、後詰めの予備戦力や減耗予備、整備用の予備も必要になるので、搭載定数の2～3倍の機数は必要ではないか。

ワシントン軍縮条約ができたときに、山本五十六は「あれは相手を縛る条約だからいいのだ」といっていたそうだが、当節、軍縮条約を使って艦艇戦力を制限するという流れはない。なにか別の手を考えなければならない。

そこで原点に立ち返って考えてみる必要がある。仮想敵が空母を持つと何が問題なのか。空母がなかったときと比べて、どういった変化が生じるのか。それを最初に考えなければならない。

2020年1月、麾下打撃群のイージス駆逐艦等を率いて太平洋上を航行中の空母セオドア・ルーズベルト（CVN-71）。3月には同空母の艦内で新型コロナウイルス感染が拡大、その処置をめぐって艦長が解任される事態となった（US Navy）

軍事的観点から空母の意義を煎じ詰めると、「近隣に飛行場がないところにでも、航空戦力を投入できる」という話になる。そして、政治的観点から空母の意義を煎じ詰めると「威嚇の手段」「プレゼンスの手段」「国家にとっての威信材」といったところが考えられる。

ただし、これらの意義が成立するかどうかは無論、空母が有用な戦力として機能するかどうかにかかっている。タイ海軍みたいに、空母だけあっても岸壁の女王で、しかも搭載機の能力が不足気味ということになれば、威嚇にもプレゼンスにもならない。

アメリカ海軍の空母が、「砲艦外交」ならぬ「空母外交」の手段として機能できるのは、艦が大きく、多数の搭載機を載せており、しかもその搭載機が高い戦闘能力を発揮できるからである。よくいわれているように、アメリカ海軍の空母1隻で、ちょっとした中小国の空軍を遙かに上回る機数がある。しかも、載せている搭載機の能力水準は高いし、平素から仮想敵部隊を相手にするなどして実戦的な訓練を積んでいるから、相応に練度が高い。

それだからこそ、何か有事に直面すれば、アメリカの大統領は「空母はどこにいるか？」と訊く（といわれている）し、使える艦があれば、それを現地に送り込むことになる。送り込んでも相手がなんとも思わないような戦力であれば、送り込む意味はない。

次に、「空母を保有していなかった国が、新たに空母を保有するようになる」という変化に対して、周辺諸国がどう対応すべきかを考えてみよう。

空母が脅威になるのは、それが搭載機を載せて自国の勢力圏に乗り込んでくるからである。そこで考えなければならないのは、「空母をつぶすのと、空母の搭載機をつぶすのと、どちらが容易か」という点ではないだろうか。

筆者は常々「自国領への敵軍の侵攻が脅威ということなら、敵軍が上陸してきてから叩くよりも、まだ揚陸艦に乗っている時点で艦ごと沈めてしまう方が好ましい」といっている。上陸してきた敵地上軍は数が多く、しかも分散している。揚陸艦に乗った状態なら、対艦ミサイルで艦を沈めればワンセット、一蓮托生である。

この考え方を「対空母」の局面にも敷衍すると、「空母ごと沈めてしまえ」ということになるのだが、空母には両用戦部隊と違う点がある。両用戦部隊は目的地に到着しなければ地上軍を上げてこないが、空母はどこにいても艦上機を発艦させてくる可能性がある。発艦前に空母ごと沈められれば理想的で、それを実際にやったのがミッドウェイ海戦だが、常にそれができるかどうかといえば怪しい。

もっとも、「艦上機が発艦した後で空母を沈めてしまえば、空中にいる艦上機は戻る場所がなくなる。すると、帰還できても不時着水ということになり、結果的に両方とも片付けられる」という考え方もあるが、必ずそうなるという保証はないので、この可能性に賭けるのはリスクが大きい。空中給油を受けて陸上基地に戻してしまう、という可能性もないとはいえない。

実のところ、航空攻撃で敵空母を沈めようと企図した場合、「敵空母が艦載機を発艦させる前に沈めてしまえ」というアプローチは、意外と実現が難しい。敵空母がいつ、どこで搭載機を発艦させるかが分からないことと、発艦前（つまりそれだけ敵空母は遠くにいる）の位置にリーチできる航空打撃力が手元にあるかどうか、という問題があるからだ。

空母への対抗として潜水艦はどうか？

すると、空母に対する攻撃は、航空攻撃よりも潜水艦の方が実現しやすいのではないか、という考えが出てくる。通常動力潜では機動力に限りがあるから、敵空母の動向をいち早く把握して、味方潜水艦を適切な哨区につけて待ち伏せできることが前提だが。

そこで注意しなければならないのは、潜水艦でも同様に、「発艦前というタイミングに合わせて襲撃できるかどうかは分からない」という点である。ただ、事前の待ち伏せがうまくいけば、それだけ遠方で敵空母を襲撃できる可能性につながる上に、隠密性に優れるという点で、潜水艦にはメリットがある。

考えなければならないのが、仮想敵の対潜戦（ＡＳＷ：Anti Submarine Warfare）能力。仮想敵が優れたＡＳＷ能力を持っていれば、味方潜水艦が危険にさらされる可能性、攻撃を達成できない可能性が高くなる。しかし、仮想敵のＡＳＷ能力が比較的低水準であれば、話は変わる。そのとき、潜水艦はゲームチェンジャーになる可能性がある。

ただし、この考え方が成立するには、前提条件が2つある。

まず、中国のＡＳＷ能力がこの先、どのようにレベルアップしてくるかという問題。ＡＳＷの主役は水上艦、潜水艦、哨戒機ということになるが、これらのプラットフォームが装備するセンサーの能力がどう向上していくか、そして水測状況や音紋などに関するデータの収集がどこまで進むか、といったあたりが問題になると考えられる。

ただし地理的条件を考慮すると、中国近海に接近する潜水艦を探知するためにＳＯＳＵＳ（Sound Surveillance System）もどきを設置する、といった手法をとるのは難しい。この種のデバイスを設置するには、チョーク・ポイントの両側を自国ないしは友好国が押さえて、海底に設置したセンサーからの通信線を陸揚げできるようにする必要があるからだ。

そういう意味で、台湾やフィリピンが中国陣営に組み込まれることは重大な事態につながるといえる。チョーク・ポイントがチョーク・ポイントではなくなってしまうからだ。立場を逆にすれば、中国が台湾やフィリピンを自国の版図に組み入れることは、外洋への戦力投射を一挙に容易にするということで、これもまたひとつのゲームチェンジャーであるといえようか。

もうひとつの前提条件が、自国の潜水艦戦力の水準維持である。どこの国とはいわないが、潜水艦はあっても可動率が低かったり、乗組員が足りないせいで岸壁の女王と化していたりすれば、それは有意な戦力となり得ない。海上自衛隊では潜水艦を16隻から22隻に増やすための作業を進めているが、そこで最大の関門になるのは乗組員の確保であろう。ただでさえ、海上自衛隊の潜水艦は1隻あたりの乗組員が多いのだ。

その他の対抗手段はないか？

中国によるアクセス拒否・地域拒否（Ａ２ＡＤ）の手段として何かと喧伝されているのが、対艦弾道ミサイル（ＡＳＢＭ：Anti-Ship Ballistic Missile）である。中国にしてみれば、これは「アメリカ海軍の空母に対して、別の手段で対抗するもの」という話になっている。

実のところ、中国海軍は多数の潜水艦を保有しているが、外洋に押し出して長距離を迅速に移動できる攻撃型原子力潜水艦の数は、意外と少ない。通常動力潜は移動力に限界があるので、外洋を駆け巡りながら敵艦隊を追い求めるという運用には向かず、基本的にはチョーク・ポイントでの待ち伏せが主体になる。日本が中国のシーパワーを封じ込めるならそれでも良いが、Ａ２ＡＤの手段としてはいささか使いづらい。

そのことと、弾道飛行によって上空から高速で降ってくるという動作の違いから、中国が米空母に対するゲームチェンジャーとしてＡＳＢＭの利用を考えた、というのはありそうな話である。長いことＡＳＷの経験を積み上げてきているアメリカ海軍に対抗するのに、こちらが潜水艦を送り込むのは、果たして賢明な方法なのかどうか。それでは米海軍の土俵に乗ってプレイすることにならないか。それならむしろ、迎撃が困難な弾道ミサイルを撃ち込む方が良くはないか、というわけである。

もっとも実際のところ、米海軍は着々と、ＢＭＤ能力を備えたイージス艦を増勢している。ＡＳＢＭといえども弾道ミサイルの一種に違いはないから、弾道飛行を行なう限りにおいては、飛翔経路の予測と迎撃は比較的容易な部類に入る。それをかいくぐろうとすれば、単純な弾道飛行ではなく、終末段階で機動性を持たせて飛翔経路を逸らし、予測を困難にする必要があると考えるのは自然な流れであろう。そうした考え方の延長線上に、前述した極超音速滑空飛翔体がある。

ただ、ＡＳＢＭにしろ極超音速滑空飛翔体にしろ、Ａ２ＡＤの手段として考えた場合、自国から数千㎞は離れた場所で交戦することになる可能性が高い。そんなに射程距離が長くなれば当然のことながら、目標の捕捉と指示をどうするか、という問題がついて回る。どんなに飛翔速度が速くても、捕捉・発射から着弾までに十数分から数十分はかかるわけだから、その間に目標は移動してしまっている。そこで精確なターゲティングを行なえる手段がなければ、Ａ２ＡＤは画餅と化す。

ただ、ＡＳＢＭや極超音速飛翔体の存在をちらつかせて、「接近してきたらえらい目に遭うぞ」と脅しつけて、それを相手が真に受けて艦隊を遠ざけるようになってくれれば、一発も撃たずに目的を達成できる。言葉は悪いが、一種の「口先Ａ２ＡＤ」である。その場合、「いかにも威力がありそうだ」と相手が思ってくれればよいのだから、実験や実戦で威力を証明して見せなければならないとは限らない。

ライバルに振り回されて劣化コピーを作る

どこの国の、どんな組織も陥る可能性がある罠としては、「ライバルに振り回される」がある。具体的にいうと、ゲームチェンジャーになり得るような新技術、新製品、新サービス、新兵器といったものをぶつけられた側が、それらに振り回されてしまうのだ。

そこで何が問題になるかというと、本来「自分たちが得意とするもの」を見失い、ぶつけられた新技術、新製品、新サービス、新兵器に引っ張られて、それらの劣化コピーみたいなものを作ってしまうのである。

ぶつけられたものを超えられればまだマシだが、なぜか往々にして劣化コピーができる。特に、急いで対抗しなければならないという危機感から、開発・熟成にかける時間や人手や資金が不足すると、そうなる危険性が高くなる。ここで具体的な名前を挙げることは避けるが、過去に世に出た商品・サービスなどについて思考をめぐらせてみれば、「ああ、あれが該当しそうだ」という具体例はいくつも出てくると思われる。

ことに、「キャッチアップ型」の研究開発・商品開発ばかりやっていると、そういう場面で劣化コピーを作ってしまう危険性が増すのではないだろうか。「他所でやっているから、うちもやらねば」という思考でばかり動いていると、「どういうゲームのルールを押しつければ勝てるか」「我の強みはどこにあるか」という視点が足りなくなるだろうから。

コラム

何がどうなると劣化コピーなのか

本文中であっさりと「劣化コピー」と書いてしまったが、具体的な定義はどうなの？　という疑問が出てくるかも知れない。

かいつまんでいうと、「先行する競合製品と似たような機能・外見・性能は備えているものの、独自の価値・機能といったものを欠いている」という話になるだろうか。先行製品が新たなゲームのルール、新たな機能、新たな価値観を持ち込んできたときに、泡を食って、それをキャッチアップすることにばかり気をとられてしまった結果である。身近なところだと、携帯端末用のオペレーティング・システムやオンライン・サービスで、そんな事例がいくつか思い当たる。

実のところ、新規参入組がどんなに画期的な製品やサービスを生み出したのだとしても、完全無欠なものにはならない。物理的な制約を初めとする外的な制約を受けたり、利用できる人手や資金が限られたりするからだ。だから、複数の製品やサービスを比較すれば、それぞれに長所も短所もある、ということになるのが普通である。

筋論からいえば、そこで「自社の強みはどうやったら活かせるか」と考えて対抗するものだが、なぜかそうならないことが間々ある。新規参入してきた製品やサービスのインパクトが強ければ強いほど、それに引きずられてしまうのだ。そうなれば、劣化コピーしか出てこなくなるのも無理はない。

強力なライバルによる奇襲を受けたときこそ、「かかる状況下で、自陣営が強みを発揮できる分野はどこか、どうすれば強みを発揮できる状況に持ち込めるか」を、頭を冷やして考えなければならない。それができる組織は生き残っていけるだろうし、できない組織は敗退することになる。

たぶん、本書のテーマになっている「軍事上のゲームチェンジャー」でも、似たような事例はあるだろう。交戦中の敵国、あるいは対立している仮想敵国が何かゲームチェンジャーになり得るような新兵器、あるいは新概念や新戦術を繰り出してきたときに、それを受けて立つ側が同じようなことをしようとして、結果的に劣化コピーに終わってしまう事例が。そうならないためには、常に「自らの強みは何か」を考えて、相手に釣られないように注意しなければならない。

第10章　日本でゲームチェンジャーを実現できるのか

最後に、「今の日本に、ゲームチェンジャーを実現するための土台はあるのだろうか」ということを考えてみたい。いささかきついことを書く結果になっているが、そこは覚悟の上で御覧いただければと思う。

部分最適より全体最適

これを定量的に評価するのは難しいのだが、日本では往々にして、全体最適よりも部分最適に力が入り、そちらを突き詰めることにのめり込んでしまう傾向があるように思える。しばしば喧伝される「ものづくり」や「職人芸」といったものも、部分最適を極めようとするアプローチの一例といえるのではないか。

だが、そういった傾向と「ゲームチェンジャー」の相性はどうだろうか。ゲームのルールを変えるということは、既存の仕組みをいったん御破算にするとともに、相手にもその御破算を強いるということである。そこで重要なのは、新しい仕組みを構築するという、いわばグランドデザインではないだろうか。つまり、すでにある仕組みの中で、具合が悪いところ、効率が悪いところをコツコツと改善していくという話ではない。具合が悪いところ、効率が悪いところを一挙にひっくり返すために、従来とは異なる概念、異なるシステムに基づいた新しい仕組みを作る。それがゲームチェンジャーの狙いなのである。

そういう観点から見ると、ついつい部分最適化に熱心になって、そちらばかり突き詰めてしまうという組織風土は、ゲームチェンジャーとは相性が良くない。部分最適化がすべていけないわけではないが、問題は、部分最適化にのめり込むあまり、全体最適化を忘れてしまうことだ。

たとえば、他国の同種製品と比べて大幅に性能がいいミサイルができたとする。ところが、高性能と引き換えにサイズが大きくなりすぎて、既存の航空機や艦船に搭載できないとか、搭載はできるがミサイル発射機やウェポンベイ（兵器倉）に収まらないとかいうことになれば、せっかくの高性能を発揮できる場面を減らす結果になってしまう。部分最適化を突き詰めすぎて、全体最適化をおざなりにした典型例といえる。

前動続行でいいのか

自動車業界には、モデルチェンジのやり方として「キープコンセプト」という言葉がある。つまり現行モデルのコンセプトやデザインを大きく変えずに、機能や性能の向上を図るというやり方のことだ。一方で、デザインもメカニズムもガラリと変えてくるモデルチェンジもある。

いってみれば、キープコンセプトとは前動続行。無難なやり方ではあるが、大きな飛躍につなげるのは難しい。旧モデルの顧客を堅実に引き継ぐことはできるかも知れないが、新規顧客を獲得するのにそれだけで十分だろうか。何か新しい飛び道具も必要になるのではないだろうか。

それに対して、コンセプトやデザインやメカニズムをガラリと変えれば、大きな飛躍につながる可能性は高くなる。従来にないデザイン、機能、装備は、新規顧客を獲得するための飛び道具となり得る。ただし一方で、大コケするリスク、既存顧客に見放されるリスクもある。だから、キープコンセプトでいくか、ブランニューでいくか、で自動車メーカー各社の担当者は毎度のように悩んでいるのではないだろうか。

これを軍の装備調達に当てはめると、どうなるか。「現時点で○○という装備が△△だけあるから、後継としては同種の××という新型を同数だけ配備したい」という考え方が自動的に出てきてしまうのは、まさに前動続行である。

前動続行が必ず悪いといっているのではない。前動続行でいいのか、新規まき直しがいいのかを、常に考え直す必要がある、と指摘しておきたいのだ。

具体的に名指しして書いてしまおう。「格闘戦能力に優れたF－15Jを運用してきたのだから、その後継機も格闘戦能力に優れた機体でなければならない。しかもF－15Jを上回る性能を持っていなければならない」。これはキープコンセプトの考え方である（それだからこそ、F－22Aの導入を希求する声があがったわけである）。これまで慣れ親しんできた考え方の延長線上だから、スッと頭に入ってくるし、抵抗も少ない。

問題は、それが内輪の事情であって、「その考え方で今後の航空戦を戦い、日本の空を護っていけるんですか？」「そもそも、将来の航空戦をどういう風に戦いたいのかというビジョンはどうなってるんですか？」ということ。

相手がこちらの考え方に付き合ってくれるかどうかは分からないし、相手が持っている航空戦のビジョンにこちらが付き合わされるのでは、どうしても後手に回る。そうではなくて、こちらが優位に立てるような航空戦のビジョンを先回りしてひねり出し、それに合った機体を追求しなければならない。

ＣＯＮＯＰＳ（Concept of Operations）についても同じことがいえる。今と同じＣＯＮＯＰＳを引き継ぐのか、まったく新しいＣＯＮＯＰＳを打ち出して、それに適した装備に変えていくのか。間違えてはいけないことなのでしつこく繰り返して書くが、ＣＯＮＯＰＳがあって、それを具現化するための装備につながるのだ。「こういう装備があるから、ＣＯＮＯＰＳをどうしようか」というのは本末転倒である。

軍事技術、あるいは装備体系の分野に大きな変化がない安定期であれば、前動続行で、同じＣＯＮＯＰＳの枠内で重箱の隅をつつくように能力向上を図るやり方でも通用する。しかし、何かパラダイムシフトが起きているときに、あるいはパラダイムシフトが求められていそうなときに、それでいいのか。

「伝統だから」というだけでは思考停止

よく、海上自衛隊を指して「伝統墨守、唯我独尊」なんていうことがいわれている。それが事実なのかどうかについては、本書の本題からは外れるので、ここでは論じない。

では、どうしてこの話を出したかといえば、「伝統墨守」という言葉が出てくるからだ。海上自衛隊がどうなのかはともかく、我が国ではしばしば「これが伝統だから」「先輩達もこうしてきたのだから」という理由をつけて、これまでと同じやり方を守らせようとする場面を目にする。

戦場の話ではないが、ちょうど本書の原稿を書いている最中に、京都アニメーションの放火事件が起きた。そして京都府警が当初に被害者の実名公開を差し止めたが、それに対してマスコミ各社が京都府警に対して、実名公開を求める事態になった。これもある種の「伝統墨守」というものであろう。

新聞・テレビ以外に、「何かの事態を世間に広く知らしめる手段」がなかった時代には、新聞社やテレビ局が情報を独占的に手に入れて、それを記事や番組といった場を通じて流す形態しかあり得なかった。そういう時代を通じて培われてきた、記事作り・番組作りのテンプレートといったものが存在する、と筆者は考えている。

実際、さまざまなニュースを目にしてみると、こうした「テンプレートに当てはめる形の記事作り・番組作り」といったものが、しばしば存在することに気付くのではないだろうか。

問題は、現在では状況が違ってきていることである。インターネットの普及がもたらした変化のひとつに、その「何かの事態を世間に広く知らしめる手段」を誰もが手にしたことが挙げられる。それが悪い方向に作用してしまっている事例もあるが、事件・事故といった場面についていえば、「この話を広く知ってもらいたい」と思えば、必ずしも新聞社やテレビ局に頼る必要はなくなった。いや、なくなったというと極端だから、必要性が軽減された、というぐらいの方が適切か。

ところが、新聞社やテレビ局の方は、自分たちが情報を独占的に手に入れていた時代の感覚をそのまま受け継いできているように見える。そして、ひとつの「伝統」である、記事作り・番組作りのテンプレートも守り続けている。

だから、何か事件や事故があれば、被害者や加害者の身内・親戚・友人・知人を訪ねて話を聞き回ることになるし、誰かがノーベル賞を受賞したり金メダルを取ったりすれば、これまた身内・親戚・友人・知人を訪ねて話を聞き回り、「感動の人間ドラマ」を盛り立てている。そこにあるのは、「これが伝統だから」「先輩達もこうしてきたのだから」という内輪の事情であって、「いま現在、どういう報道のあり方が適切なのか、どういう報道のあり方が求められているのか」という考えが薄いのではないだろうか。

それだからこそ、京都アニメーションの放火事件でも、京都府警に対して実名公開を求めたときにつけられた理由というのは、極言すれば「新聞社やテレビ局の内輪の論理」であった。

この話を持ち出したのは、「ゲームチェンジャー」という考え方から、もっとも遠いところにいる典型的な事例ではないか、と感じたからだ。「これが伝統だから」「先輩達もこうしてきたのだから」「従来はこうしてきたのだから」というだけでは、ただの思考停止である。

それに、「伝統」とされてきた何かの手法が最初にできたときには、それに至るまでのプロセスや背景事情があったはずだ。そのプロセスや背景事情を無視して、出来上がった「伝統」を守らせることにばかり執着するのは、果たして正しいやり方なのか。

そういえば、これも本書の原稿を書いているときに話題になったもので「ブラック校則」と呼ばれるものがある。極端な例を挙げると、女子の下着の色まで規定しているような、あれである。この学校の規則、あるいは各種の法令の類はたいてい、それができた背景としてなにがしかの事情や理由があったはずだ。ところが、いったん出来上がってしまうと、事情も理由も往々にして忘れられる。そして「規則を守らせること」「法律を守らせること」「法律を変えないこと」だけが一人歩きし始める。それで正しいのか、本当に問題解決になるのか、社会を良くする方向に働くのか。

これまで受け継がれてきたやり方を今後も受け継がせていこうというのであれば、そこには確固たる理由、説得力のある理由がなければならない。それがあってこそ、「伝統の継承」にも意味が出てくる。それは報道の現場だけでなく、軍事力の行使や、その一環である軍事作戦の実施でも、そこで用いられるウェポン・システムの開発でも、同じではないだろうか。もちろん、ビジネスの現場でも。

そういえば、テンプレート化した報道というと決して他人事ではなくて、筆者が仕事で訪れる各種報道公開の現場でも、しばしば見られるものである。新しい車両や飛行機の報道公開でも、新路線や新駅の開業でも、工事現場の報道公開でも、観察していると「テンプレート化」はさまざまな場面で見られる。その典型例として、関係者を対象とする「囲み取材」で出てくる「今のお気持ちを聞かせてください」という類の質問がある。そして、同じイベントについて似たようなことを書いた記事や番組が、いくつも並んでしまう。

筆者自身はそういうテンプレート化をなんとか避けようとして「この件については何をどういう順番でどう書くのが最善なのか」ということを、常に個別に考えるようにと努力しているが、なかなか難しい。しかし、そうした努力を忘れたらおしまいだと思っている。

今あるものを壊す勇気

「これまで先輩たちが築き上げてきたものを御破算にするのでは先輩に申し訳が立たない」とか「過去に積み上げてきた成果やノウハウを無駄にするのか」とかいう理由で、安易に前動続行に流れようとするのは、ありそうな話ではある。すると、まわりの空気を読んでばかりいたり、和をもって貴しとなしてばかりいるのでは、ゲームチェンジャーなんて夢のまた夢、ということになりはしないだろうか。

このほか、「これまで馴染んできたやり方から抜け出す勇気がない」というのも、ありそうな話である。そういう意味で、今の日本の野党やマスコミが置かれている状況というのは、「ゲームチェンジャーか必要なのに、過去に馴染んできたゲームのやり方に拘泥している」ように見える。

例として、マスコミ関係者がしばしば口にする「政権の監視」について考えてみよう。「政権の監視」が必要であることは論を待たないが、その「監視」のやり方が旧態依然、十年一日。昔も今も不祥事や失言をあげつらって「首を取る」ことに終始している。果たして「首を取れば政権の監視になるのか」「それで日本を良い国にできるのか」という自問自答はなされているのだろうか。身も蓋もないことをいえば、野党の中には「政権に就いて、責任をとらなければならない立場になるなんてまっぴらごめん。それよりも、野党として粗探しをしたり、首を取ったりしているだけの方が気楽でいい」という考えがあるのかも知れない。野党はそれで務まるかも知れないが、決して褒められた話ではない。いわんや、報道機関がそれでいいのだろうか。それで「社会の木鐸」「第四の権力」なんていっているから、ソッポを向かれたり叩かれたりするのではないのか。

つまりこれは、「ゲームチェンジャーが必要かも知れないのに、勝手知ったる以前からのやり方から動くことができない、違う世界に踏み出すことができない」典型例である。

なんにしても、これまで馴染んできたやり方を壊して、新しいやり方を取り入れるのは、勇気が要ることである。過去の成功体験を覚えている先輩や上層部から、「どうして変えなければならないのか」と抵抗を受けることもあるだろう。

当然、新しいことを試みれば、それが失敗するリスクもある。だが、それを乗り越えていかなければ進歩も発展もしない。「失敗しないこと」ばかり気にしていれば、成功も自らの手をこぼれ落ちていく。過去の成功は過去の成功として、その都度リセットした上で新しい成功を追求する。そのサイクルを常に回していかなければ、その後は没落するだけではないのだろうか。

実際、「画期的な新兵器を投入して覇権を握った国家が、その新兵器の威力に安住してノンビリ構えている間に、ライバルがゲームチェンジャーを生み出して没落に追い込まれた」なんていう事例は、たくさん存在するのである。ビジネスの世界でも同じだろう。

コラム　米海兵隊の新たな変革

本書の原稿をひととおり書いた後の2020年3月に、米海兵隊は「Force Design 2030」と題する文書をリリースした。

これは、「目下の世界情勢とアメリカ合衆国の国防戦略に合わせて、海兵隊をどう変えていくか」についてのビジョンや、具体的な施策をまとめた文書である。

そして今後、戦車などの重装備と人員は減らし、捻出した費用で長射程の精密打撃能力（これまで縁がなかった地対艦ミサイルなど）を導入したり、無人システムの配備を加速したり、といった考えを示している。背景にあるのは「対・中国」だが、単純に頭数で、あるいは装備の質で優越しようというのではなく、戦い方と、それを実現するための組織構成や戦力配備のあり方を見直そうとしている。

これが実際にどういう姿の海兵隊を生み出し、どういう結果につながるかは分からない。だが、海兵隊が自己変革できる組織であることを示しているのは確かだ。

昔のイメージで、いつまでも「海兵隊は両用戦のための組織」と思っていると、足元をすくわれることになるだろう。

終章　新型コロナ禍がもたらす現在進行形のゲームチェンジ

実は、本書の執筆は2019年に済ませていたのだが、それが世に出るまでの間に大騒動が勃発した。いわずと知れたCOVID－19（新型コロナウィルス肺炎）のことである。この騒動に関わるさまざまな動きを見ていると、改めてゲームチェンジャーという言葉について考えさせられる。

COVID－19をゲームチェンジャー化しようとしている中国

「武漢ウィルス」という呼称の是非はともかく、COVID－19が中国の武漢を起点として、中国各地、そしてさらには世界各地に感染を広げていったのは確かなようだ。意図的なのか不可抗力だったのかに関係なく、この件についていえば、中国は「発生源」である。ところが2020年に入ってからの中国政府の動きを見ていると、このCOVID－19の世界的な感染拡大を逆手にとって、世界政治・世界秩序におけるゲームチェンジャーとして利用しようとしている気配が色濃い。

まず、「体制間競争」という一面がある。中国は何かというと欧米諸国から、人権問題を引合いに出して文句をいわれることが多かったが、ＣＯＶＩＤ－19の感染拡大に際しては、一党独裁の監視社会で人権問題は二の次、という点をプラスに変えて、強権的な対応策をいろいろ講じてきている。それだけでなく、そうした対応策による「感染封じ込めの成功」をアピールすることで、結果として「欧米式よりも中国式の方が優れている」というイメージを広めようとしている。

もともと、資源獲得外交のために深い関わりを持っていたアフリカ諸国に対して、こうしたイメージ宣伝を展開すれば、アフリカ諸国が味方に付く（または、付かざるを得ない）状況になると期待できる。そうやって「中国寄りの国」の数が増えれば、国連などの場で何かの票決を行なう際に、中国の言い分が通る可能性が高くなる。どこの国でも平等に一国一票なのだから、そうなる。

それだけでなく、アメリカの地方自治体に対してまで、「中国の対応ぶりを賞賛する決議」を実現するよう働きかけを行なっている、と報じられている。なんとも露骨で工夫のないやり方ではあるし、やっても相手にされなかった事例が多いようだが、「自国の優位をアピールしようとする工作を手当たり次第に展開している」という事実は残る。

また、「ＣＯＶＩＤ－19は、アメリカ軍が武漢に持ち込んだのがそもそもの発端」という宣伝戦を展開しようと試みたが、これはさすがにアメリカ側の強烈な反発を招き、結果として不発に終わった。実のところ、アメリカが強烈に反発した件もさることながら、「アメリカ起源説」に対するアフリカ諸国の反応がはかばかしくなかったことも、この手法を引っ込めた背景にあった。というのが、米国務省による見立てである。この見立て通りであれば、これもまた「ＣＯＶＩＤ－19を活用してアフリカ諸国を味方につけようとした動き」といえる。

それだけではない。以前から「一帯一路」になびいていたイタリアで、ＣＯＶＩＤ－19の感染拡大が酷いことになったとき、何が起きたか。中国は物的・人的な支援を送り込んだだけでなく、インターネット上で中国を賞賛する投稿を自動的に行なうボットも大量に送り込んだ。

「世界の工場」と「マスク外交」というゲームチェンジャー

とはいえ、こうした宣伝工作が十分な成果を挙げたかというと、疑問は残る。そこで平行して放っている新たな矢が、いわゆる「マスク外交」である。日本では、マスクの欠品が元でいろいろと騒動になったが、それだけでなく医療用ガウンなどの防護装備も含めて、中国で作られた製品が各国に次々と空輸されている。中国はそうやって世界各国に「恩を売って」いるわけだが、果たして単なる善意だけでそれをやっているのかどうか。「マスク外交」で売った恩を後になって回収しに行く可能性はまったくない、と考えてよいのかどうか。

こんなことになった背景には、さまざまな工業生産の生産拠点が中国に集積してしまった事情がある。その背景には、人件費の安さと市場の大きさを「餌」にして、外国から投資を呼び込み、自国に多数の工場を作らせた経緯がある。そして資本主義社会の基本原理からすれば、安価かつ所要の品質レベルを満たした製品が供給されるのであれば、競合する他の製品や生産拠点は競争に負けて駆逐される。そんなこんなの結果として、生産拠点の中国依存という事態が現出した分野は少なくない。

なお、レアアース（希土類）みたいに、中国が国家戦略として意図的にそれをやったケースもある。欧米のライバル企業を価格競争力にものをいわせてつぶすことで、結果的に中国がレアアースで世界を支配することになる。

日本がそのトバッチリを受けたのは、いまさらここで述べるまでもないだろう。しかしその結果として、「中国産レアアースに依存しなくても済むように、研究開発に取り組む」という動きも生起した。これもまた、ゲームチェンジャーを狙った動きのひとつといえる。

それはそれとして。工業生産拠点の中国依存が起きたところまでは、COVID－19とは何の関係もなく進んできた話だ。しかし、その「生産拠点の中国依存」を中国が自国の優位点と見なし、「マスク外交」のような場面で活用しているのは間違いない。本書で先に書いてきた、「自国が有利な立場にあり、かつ、他国が容易に追従できないポイントを活用する」という公式通りである。

おそらく北京は、COVID－19の感染拡大と「武漢起源」という状況によって生じたマイナスを、いかにして自国にとってのプラスに転換するかについて、あれこれ考えたのであろう。その結果として生起したのが、その後の中国政府の立ち居振る舞いである。

こうした立ち居振る舞いが正しいとか間違っているとかいうことを論じるのは、本書のテーマではない。本書でこの話を取り上げたのは、「自国に有利なポイントをフル活用してゲームチェンジャーを生み出し、それによる攻勢を仕掛けている」という点で、まさに教科書的な事例だと考えたからである。

問題は、その「ゲームのルールを変えようとする動き」に流されるのか、それを阻止するのか、それとも別のゲームのルールを仕掛けてカウンターアタックに出るか、である。

今後に予想される事態

これで終わりかというと、そんなことはないだろう。この後に起きそうな事態についても、いろいろと予測はできる。

たとえば、ＣＯＶＩＤ－19の感染拡大を阻止するためにメーカーの工場が操業を止めたり、人の往来を止めたり、店舗やイベントの営業を止めたりといった施策がとられている。当然、それらの施策は感染拡大阻止という結果を期待できる一方で、多大な経済的ダメージにもつながる。その極めつけといえるのが、航空会社と航空機メーカーの事例であろう。

先に述べた「マスク外交」などのせいもあり、貨物便の往来はそれなりに盛んだが、世界中で渡航禁止や入国禁止を発令するようでは、国際的な人の往来は成り立たない。結果として、エアライン各社の国際線は壊滅的な状態になっている。当然、運航が止まれば売上も止まるから、航空会社の経営にとっては危機である。日本やアメリカのエアラインは国内線がそれなりにあるが、シンガポール航空、あるいは中東のエティハド航空、カタール航空、エミレーツ航空みたいに、事実上は国際線だけで「もっている」エアラインもある。

航空会社が危機に直面すれば、フリートの整理統合や、機材新規発注の抑制といった話につながるのは当然のこと。すると今度は、機材を制作している航空機メーカーや、そこにさまざまな製品を納入しているサプライチェーン各社に影響が波及する。結果として、経営危機に陥るエアライン、航空機メーカー、そしてサプライヤーが続発することになると思われる。

そこに中国企業が「白馬の騎士」として登場して、経営危機に陥ったメーカーを買収して傘下に収めるような事態が起きないと、誰が断言できようか？　すでにだいぶ前から、経営難に陥った欧米の航空宇宙関連メーカーに対して、中国企業が買収攻勢を仕掛ける事例は多発している。それがもっと大規模な形で起きないという保証はない。航空宇宙に限らず、防衛、自動車、情報通信といった分野も事情は同じである。

もちろん、安全保障上の観点、政治的な観点から、外国企業による重要産業分野の買収に制限をかけている国は少なくない。だが、いざ会社がつぶれそうだとか、雇用が守られなくなりそうだとかいう危機に直面すれば、配慮をかなぐり捨てて、会社を維持することを優先するケースも出てくるだろう。それを被買収側ではなく買収側から見れば、これは安上がりにハイテク産業や基幹産業における版図を拡大する、絶好のチャンスと映る。

それで一時的には救われるかも知れないが、長期的に見たときに災厄をもたらす可能性につながらないだろうか。そういう事態も起こり得るという前提で、政策・施策・対策を考えていかなければ、えらいことになるだろう。

また、買収まで話が進まなくても、欧米で「感染拡大のための経済活動自粛」が行なわれている間隙を突いて、中国企業が鬼の居ぬ間に版図の拡大を図る、というシナリオも考えられる。すでに「経済活動の再開で先行」という話が喧伝され始めていることが、こういう疑念につながる。

ビジネス分野におけるCOVID－19の影響

ここまでは、日本の周辺に関わる政治・外交・安全保障がらみの問題だが、経済面でもなにかしらの変化が生じる可能性がある。たとえば、工業分野におけるサプライチェーンの問題がそれだ。

これまでは、人件費を初めとするコストが安い場所に工場を設置して生産を行ない、できた製品を需要地まで、あるいは最終組立拠点まで輸送するという形が広く用いられていた。ところが、COVID－19の感染拡大を阻止するために、人の往来を制限する事例が続発した。

幸い、貨物にはウィルスは感染しない。そうはいうものの、生産拠点となる工場の稼働が停止すれば、肝心の生産・輸送に差し障りが生じる事態は避けられないし、実際、そうなっている。それに、工場を稼働させたりモノをやりとりしたりするには、人の往来も不可欠だ。すると、これまでのようにグローバル化した生産・供給体制を続けるのは正しいやり方なのか、という疑問を持つ向きが出てきても不思議はない。

また、先に書いた「マスク外交」に絡んで露見したように、工業生産の生産拠点が特定の国や地域に偏在して、そこに依存する状態になることのリスクも、今回のCOVID－19をめぐる騒動によって広く認識されたと思われる。重要性の高い戦略的な資源・素材・製品であれば、尚更だ。

現に日本政府は、中国から日本国内に生産拠点を移す際に補助金を出す施策を打ち出している。サプライチェーンにまつわるリスクの回避だけでなく、国内の雇用確保という利点も考えてのことであろう。無論、生産拠点だけあっても駄目で、素材を確保できなければ始まらないが、それはまた別の問題である。

このほか、外出制限の発令に伴い、自宅で仕事せざるを得なくなる事例が続発している。これは必然的に、仕事のやり方を変えなければならないことを意味する。今の状況には「必要に迫られて無理をしている」部分もあるから、ＣＯＶＩＤ－19の騒動が沈静化した後も同じ状況が続くとは考えにく

コラム　COVID－19が引き起こした身近な変化

なにも大上段に振りかぶらずとも、ＣＯＶＩＤ－19のせいで身近なところに変化が生じた事例はある。

たとえば、ベーカリーやスーパーの惣菜コーナーでは、オープンな状態で品物を並べて、好きに取っていく形の陳列を行なっている事例が多かった。ところがＣＯＶＩＤ－19の騒ぎが持ち上がってからは、商品を蓋付き・扉付きのケースに入れたり、個包装に替えたりといった変化が見られる。

これもまた、ゲーム（商売）のルールが変わった一例である。この変化が売り手と買い手のそれぞれについて、どういう変化をもたらす可能性があるだろうか。そんなことを考えてみるのも、ひとつの思考実験として面白いかも知れない。

いが、沈静化した後で完全に元に戻るかどうかは分からない。

ひょっとすると、ＣＯＶＩＤ－19の一件をきっかけにして、より負担が少ない働き方、より効率的な働き方を追求する動きが広まるかも知れない。その影響が出てくる分野としては、公共交通機関のような運輸関連、それとリモートワークの基盤たる情報通信分野が考えられる。また、人の住み方・動き方が変われば、不動産の分野にも影響が出てくるかも知れない。

こうした状況下でゲームチェンジャーをいち早く見出し、従来のやり方を変えることで競争力を上げようとする個人、あるいは組織が出てくるだろう。逆に、従来のやり方に固執した結果として、あるいはやり方をうまく変えて適応することができずに、競争に負けて脱落するケースも出てくるだろう。

そこで「仕事が減ってしまって苦境にあるので、補助金で支援を」というばかりで自己変革ができない業界は、社会からソッポを向かれるかも知れない。「必ずやり方を変えなければならない」と煽るわけではないが、「やり方を変えなければならないかどうかを、これを機会に見極めることは重要」とは指摘したい。

現代ミリタリーの
ゲームチェンジャー
——戦いのルールを変える兵器と戦術

2020年7月15日　第1刷発行
2021年4月14日　第2刷発行

著　者　井上孝司

発行者　皆川豪志

発行所　株式会社　潮書房光人新社

〒100-8077
東京都千代田区大手町1-7-2
電話番号／03-6281-9891（代）
http://www.kojinsha.co.jp

装　幀　天野昌樹

印刷製本　サンケイ総合印刷株式会社

定価はカバーに表示してあります。
乱丁、落丁のものはお取り替え致します。本文は中性紙を使用

ISBN978-4-7698-1680-5 C0095